すべてはミルクから始まった

世界最大の食品・飲料会社「ネスレ」の経営

高橋浩夫 著

同文舘出版

まえがき

ネスレといえばインスタントコーヒーの代名詞のようだし、若い人はチョコレートのキットカットを思い浮かべるだろう。しかし、ネスレは「食の巨人」と言われるほど多種多様の食品事業を取り扱い、地球上の隅々の国まで進出するスーパーグローバル企業である。日本には外資企業として100年以上前に進出し、われわれにとって今やネスレは、日本企業と同じように社会に溶け込んでいる。

ネスレはスイスの創業で、売上のほとんどは海外だ。スイスはヨーロッパの小国でありながら、ネスレのほかにも世界に君臨するグローバル企業が多い。天然資源にも恵まれない山と湖の国で生まれた企業が、なぜこれほどまでにグローバル企業となり得るのだろうか。ネスレはこれに応える最も代表的な事例である。食品は元来、その国に根づいたドメスティックなものであるが、それがなぜこれほどまでに世界に君臨するスーパーグローバル企業になり得たのか。本書の狙いは、ネスレの全容を少しでも明らかにし、これを通じて日本のグローバル企業への指針を探ることにある。

筆者がネスレに関心を抱いたのは、今から約半世紀前である。アメリカ留学中にスイスを訪問した際、国際オリンピック委員会（ＩＯＣ）があるローザンヌから程近いヴェヴェー（Vevey）の町に立ち寄った際に目にしたのがネスレだった（あとがき参照）。当時の私は、ネスレの本社がここヴェヴェーにあり、世界に君臨するグローバル企業であるとは知らずに、レマン湖に沿って威容を誇る瀟洒な建物を眺めていた。その後、数年経って日本企業の経営幹部と欧米の多国籍企業を訪問する研究プロジェクトに加わることになり、そこで真っ先にヨーロッパの代表的多国籍企業として訪問計画したのがネスレだった。ネスレ幹部によるプレゼンテーションを受け、その会議室から見えるレマン湖畔の光景を格別の思いで眺めた。彼らは、山間にあるチョコレート工場も案内してくれた。当時のわれわれにとってネスレといえばインスタントコーヒーであったため、チョコレートも扱っていることを筆者はこの見学で初めて知った。

さらに次の日は、ネスレがハーバード・ビジネス・スクールと共同で設立したＩＭＥＤＥ（Institut pour L'Étude des Méthodes de Direction de l'Enterprise）がローザンヌにあると聞き、訪問することになった。ネスレは早い時期から人材育成にも力を注ぎ、このようなビジネススクールも設立していたのである。ＩＭＥＤＥはその後ジュネーブにあったビジネススクールのＣＥＩと合併し、今はＩＭＤ（International Institute for Management Development）となり、ヨーロッパを代表するビジネススクールになっている。

半世紀前に遡るネスレの訪問と、ＩＭＥＤＥ（現・ＩＭＤ）の訪問、そしてその後の幾度かの訪問を経て、筆者は何とかネスレの全体像をまとめてみたいと思っていた。しかし、大学で専任の立場にいるとなかなかまとまった時間がとれずにいたが、数年前に専任の立場を離れ、少しは時間が割けるようになった。そこで、ネスレに関する資料等を少しずつ集め、再度ヴェヴェーのネスレ本社を訪問したり、神戸にあるネスレ日本へインタビュー調査を行った。ネスレの全体像といってもその範囲はあまりにも広く、また刻々とネスレ経営は変化している。本書を執筆中にも、ヴェヴェー本社の広報部門から新しいニュースリリースが次々と送られてくる。

本書ではネスレのルーツ、現在の経営状況、発展戦略といわれるM&A、世界に広がる研究開発ネットワーク、今日のネスレが戦略目標とするCSV経営、人材育成の仕組み、さらにはヴェヴェー本社で「ジャパンミラクル」とまで言われるネスレ日本の飛躍的発展、そして最後にネスレを生んだスイスについても言及している。

ただ、今もって思うことは、ネスレの全容を詳しく知ることはおそらくネスレ社員であっても難しいだろうということである。世界189ヵ国の販売拠点をもち、工場413ヵ所、研究開発拠点41ヵ所、ブランドも1000以上となれば当然である。あまりにも広すぎる経営概況の一端を少しでも探ってみたいと意図したのが本書であるが、刻々変化するなかで、ネスレ経営の今日について誤った解釈やデータ等の間違いがあった場合は、すべて私の責任である。読者の皆さんからの忌憚のないご指摘を賜れば幸いである。

最後に、厳しい出版事情のなか本書の出版を快諾していただいた同文舘出版株式会社の中島治久社長、同専門書編集部の青柳裕之さん、吉川美紗紀さんに心からお礼申し上げる次第です。

盛夏の那須高原で　　高橋　浩夫

目次

第5章 ネスレのビジネス倫理とCSR

第6章 ネスレ流 ヒューマン・リソース・マネジメント

第7章 ネスレ日本の発展と今日

第10章 ネスレに学ぶ日本企業への指針

すべてはミルクから始まった
世界最大の食品・飲料会社「ネスレ」の経営

第1章

グローバル企業
ネスレの誕生

1 スイス・ヴェヴェーでの誕生

「ネスレ」と聞くと、それはインスタントコーヒーのネスレあるいは「ネスカフェゴールドブレンド」のネスレを思い浮かべるだろう。ネスレはさまざまな広告媒体や商品を通じてわれわれの身近な存在になっている。われわれの生活のなかに入っている多くのものは商品名である「ブランド」名はよく知っていても、その商品はどこの会社で作っているのかはあまり知られていない。その商品を作っている会社は社名よりも「ブランド」名でわれわれの身近な名前になっている。キットカットといえばチョコレート好きにはすぐわかるが、それがネスレの商品であることはあまり知られていない。会社の名前にしても「ネスレ」はどこの会社かは消費者にはあまり関心がない。日本企業であるソニーにしても、トヨタにしてもその国に浸透したブランドは自分の国の会社だと思っている。世界に名を馳せるグローバル企業は、そのブランドの浸透こそが目指すべき経営と考えている。つまりどこの会社でも創業の地はあるが、それが世界に広がりその国、地域の消費者に愛されればそれでよいということだ。生みの親はどこかの国であっても、育ての親は世界中の顧客、消費者である。それがグローバル企業の意図する経営戦略だ。グローバル企業が海外で事業展開し、その国の経済発展に貢献できれば企業の発展にとってもその国の発展にとってもよい。いわばＷｉｎ－Ｗｉｎの関係がグローバル企業の目指すべき経営戦略なのである。

ネスレがわが国に進出したのは１００年以上も前であるから、その名前やブランド名には親しみをもって知っている人も多いであろう。ネスレ進出時は乳幼児に限られた粉末ミルクの販売であり、当時ネスレという会社名は日本ではほとんどの人は知らなかった。ネスレを一躍有名にしたのは、戦後にヒット商品になったインスタントコーヒーである。インスタントコーヒーはお湯を注ぐだけで手軽に飲める西洋風の飲み物とあって、日本中に瞬く間に普及した。

それでは、インスタントコーヒーの先駆けとなったネスレはどこで生まれた会社なのだろうか。ネスレは今や国際連合（United Nations：UN：国連）の加盟国数に近い世界１８９ヵ国に進出している。食品はわれわれの生活に身近なものなので、人びとが住んでいるところはすべて顧客になるとはいえ、これほどまでに世界の隅々までネスレブランドが浸透しているグローバル企業はほかにない。

ネスレの商品を見ると、発売元に“Nestlé, Vevey Switzerland”と書いてある。ネスレは紛れもなくスイスのヴェヴェー（Vevey）で生まれ、今もってここが世界への発信地（本社）である。ヴェヴェーはスイスの国際都市ジュネーブから1時間ほど列車で行ったレマン湖沿いにある小さなリゾート地だ。隣の町には国際オリンピック委員会（ＩＯＣ）のあるローザンヌ（Lausanne）やモントルー・ジャズフェスティバルで有名なモントルー（Montreux）があり、ここは湖畔にたたずむ中世のお城でも有名だ。スイスはどこへ行っても絵になる光景だが、ここレマン湖沿いに連なるジュネーブ、ローザンヌ、ヴェヴェー、モントルーはそれぞれが山と湖に沿った町とあって、ひと際ロマンの漂う魅力的な観光地となっている。

それではネスレはどうしてここヴェヴェーで生まれ、今や世界に君臨する超グローバル企業になったのであろうか。およそグローバル企業の基本はまずその生まれた国で発展し、そこでの事業基盤を基本にしながら海外市場への発展を探る。その意味ではグローバル企業発展の前提はまず生まれた国での経営経験が必要である。このようなことからすると、国内市場をベースに発展したアメリカやヨーロッパ、そして日本の先進企業がまずそこでの経営経験を経て海外市場へと発展している。

しかし、ネスレが生まれたスイスの市場はそれほど大きいのだろうか。面積にしても日本の九州を一回り大きくしたほどであり、人口も今こそ850万人ほどだが、後述する創業者のアンリ・ネスレが生まれた当時は200万人ほどしかいなかった。

さて、スイスはビジネスの発展に必要な原材料を有する経済基盤を本来的にもっていたのだろうか。スイスはどこへ行っても気高い山々と大小の湖、そこに点在する山小屋風の家々、その間に挟むようにある町の光景がある。今やこの光景はスイスの一大観光資源となっているが、このコントラストは最初からあったわけではない。スイスはもともと気高い山間のなかにあって、耕地面積は限られ、鉱物資源にも恵まれていない。しかし、この恵まれない環境を逆手にとって、観光資源や経済基盤の開発によって今日のスイスを作ってきた。

これはよく考えてみるとわが日本も同じである。資源に乏しく耕地面積の少ない島国の日本が成し遂げた経済発展の要因は何であっただろうか。あるのはそれを逆手にとって挑戦してきた日本人の知恵であり、チャレンジ精神だ。それは人間による知の挑戦であり、今風に言えばイノベーションの成果である。今、スイスの多くの企業は国内市場を乗り越えてグローバル企業として世界に君臨している。ネスレはそれを象徴する最も代表的なグローバル企業だ。そして、それらのグローバル企業は今、スイスの強力な経済基盤を支えている。スイスは、さまざまな世界の調査機関によって行われる「一国の競争力」調査ではいつも世界のトップランキングに位置している。その理由は、このような要因があったからこそである（第9章1．参照）。

2 すべてはミルクから始まった

ヴェヴェーから電車で一時間ほど山間を走り、途中から登山電車に乗り換えると、小高い山の一角に観光地で賑わうグリュイエール（Gruyères）の村がある。ここはスイスを代表するグリュイエールチーズの産地である。今でもこの周辺の村ではチーズ作りが盛んで、その製造工程を実際に見学できる観光スポットもある。スイスの食べ物といえばチーズというぐらい、日常の生活には欠かせない。実際にスイスを代表する食べ物といえばチーズフォンデュである。これはチーズを溶かしたなかにちぎったパンを入れて食べるいとも簡単な食べ物であるが、スイスの国民食の1つである。スイスに来た観光客は、必ず一度はこのチーズフォンデュを試み、スイスに来た気分を味わうに違いない。

チーズは牛の乳（ミルク）を原料とするため、たくさんの牛を育てる放牧地がなければならない。わが国では何といっても広大な放牧地を確保できる北海道が牛の飼育には最適であり、乳産業が発展してきた。スイスは寒い北海道と似た気候であるが、平坦な放牧地はない。しかしそこでは放牧の場所を山間の傾斜地を利用することによって牛を育ててきた。スイスには農作物を育てる広い耕作地はなく、食べるための糧をすべて牛の飼育に頼ってきた。牛を育てることによって乳をとり、それを最大限活用する乳産業はスイス人の生きる道を切り拓くものであった。今でも、観光地から一歩離れて山間に行くと、放牧される牛の光景が目に入る。しかしそれは単なる古びた農村風景とは違う。山小屋風の家々とマッチしたスイス独特の光景が、観光資源となって旅行者の目を楽しませているのだ。この光景を保つためには相当の手を加えなければならないが、そこには公的機関による財政的支援が投じられているという。これほどまでしてもこの光景を観光資源として活用しようとするスイス人のしたたかな勘定も読みとれる。

筆者はかつてイギリスを2週間ほどかけて車でまわったことがある。そこはスイスと違ってそびえ立つほどの高い山はなく、なだらかな丘陵地帯の光景である。日本と同じく島国であり、緯度は北海道よりも高いところに位置しているが、暖流と寒流がぶつかり合うため冬でも大雪に見舞われることはない。そして、1日で春夏秋冬を経験できるほど気候の変動が激しい。雨が降ったかと思えば急に晴れて太陽が見えてくる。そして1年中を通じて暑くも寒くもない気候は植物の栽培には最適で、草も自然に生える。世界に名高いイングリッシュガーデンは、この気候風土のなかで育まれた美しい花の芸術作品であろう。日本は地方に行くと田園地帯におおわれるが、イギリスは米が主食でないためそのなだらかな丘陵地帯に生える草原を羊を飼育するための牧草地に変えてきた。羊は羊毛となって毛織物工業のベースとなる。どこへ行ってもイギリスに広がる牧草地はまさに、グリーングラス（1960年代、イギリスで大ヒット曲となった“Green Grass”。日本では森山良子の歌う「思い出のグリーングラス」が有名で、この光景を曲にしたもの）のなかで草を食べる羊の放し飼いの光景を見ることができる。

羊は草を食べて糞を出す。それが肥やしとなってまた草が育つ。イギリスにおける古来変わらぬこの生態系は羊の生育には最適で、自然とその数を増やしてきた。そして、とった羊の毛を手作業ではなく機械化によって効率的に生産できないかと知恵を絞ったのが毛織物工業の発展であり、それが先駆けとなってさまざまな機械の発明が産業革命（Industrial Revolution）へと結びついていく。スイスやイギリスにしても、あるいは日本にしてもまずはその地にある自然資源を活用しながら産業基盤を作ってきたのだ。

牛はビーフステーキとなって食用にもなるが、スイスでは飼育した牛はすべて乳製品に変えて多種多様な製品を作ってきた。乳製品といえばまずはバターやチーズ、そしてミルクを思い浮かべるであろう。ミルクは栄養価も高く、乳幼児の成長には最適な栄養源である。赤ん坊は母親の乳である母乳が出なくともミルクで育つことを考えれば、それがいかに栄養価が高い成分をもっているかがわかる。

グリュイエールからさらに山間に行ったところにネスレのチョコレート工場がある。筆者はかつてこの工場を見学したことがあるが、ここは最初からネスレの工場だったわけではない。世界で初めてミルクチョコレートを世に送り出したカイエ（Cailler）という会社をネスレが買収し（M&A）、今日に至っている（カイエのチョコレート工場は「メゾン・カイエ」（Maison Cailler）と呼ばれ、併設されたビジターセンターで見学が可能）。チョコレートはカカオ豆を原料とするが、それにミルクを加えて栄養価の高いミルクチョコレートを作り、世界に普及していった。ここにも、ミルクを利用して世界に先駆けたスイスのチョコレートの発見が隠されている。このルーツは今もってスイスといえばチョコレートであり、どこへ行っても店には多種多様のチョコレートが並ぶ。多くの観光客が最初に手にする商品の1つだ。

3 創業者ネスレのチャレンジ

ネスレの創業もこのミルクと無縁ではない。ミルクはさまざまな加工品として製品化されているが、ネスレはこれを自ら開発した製品化によって世界に普及させた。まず、「ネスレ」という社名は、創立者アンリ・ネスレ[1]（図表1－1）からとったものである。ネスレはフランクフルトで生まれたドイツ人である。ドイツ時代の名前はハインリヒ・ネスレという。その苗字“Nestle”はドイツ語で「小さな巣」という意味で、後年、フランス語風に“Nestlé”と改められた。ネスレのロゴはその意味の

1 Anri Nestlé：1814-1890年

図表1-1　アンリ・ネスレ

出所：ネスレホームページ「ネスレの歩み：アンリ・ネスレによる創業の時から」〈https://www.nestle.co.jp/aboutus/global〉。

図表1-2　ネスレのロゴ

出所：Nestléホームページ「The Nestlé logo evolution」〈https：//www.nestle.com/aboutus/history/logo-evolution〉。

とおり「鳥の巣」であり、乳児を育てる母親の愛らしい姿を表している（図表1－2）。ネスレ家の先祖の多くはガラス職人で、ハインリヒの父、ヨハンもガラス工として窓ガラス、ガラス瓶などを製造し、ほかにもガラスと関係するイギリスの陶器製品を扱っていた。

ネスレは15歳頃からフランクフルト市内の薬局で徒弟奉公をはじめ、薬剤師見習いとして働いていた。ドイツはその頃、近隣諸国との争いが絶えなく国情も不安定だったため、29歳のとき、生まれ育ったドイツから亡命する形でヴェヴェーにやってきた。その頃スイスは、すでに近隣諸国とは一線を引く永世中立国の体制を整えていた。政治的にも安定したスイスに来たネスレは、ドイツでの薬剤師見習いの経験を活かすため、ヴェヴェーにある薬局で働き始めた。薬剤師として薬の販売を扱う一方で、ミネラルウォーターや炭酸入りレモネード、油、酢、マスタードなどの製造販売も行った。このほかにガス灯用の液体ガスボンベやセメント、ブロック材などの製造販売も手がけたといわれる。[2]

好奇心旺盛なネスレはさまざまな商品の製造販売に手を出すが、スイスでの生活で目にしたのは乳幼児が生まれて間もなく亡くなるという出来事であった。これはドイツやフランスでも見られる悲しい社会問題にもなっていた。ヨーロッパは国によっては、乳児の15－20％が生後一年以内に死亡していたというほどである。特に、工場で働く女性たちが母乳を与えられないため、乳児が栄養失調に陥るという問題が起きていた。この乳児の死亡は、ネスレの兄弟も例外でなかった。ネスレはこれを何としても救いたいという思いから、栄養豊富なミルクの活用を思いついた。また、ネスレの妻であるアナ・クレモンティーヌ・テレーズ・エーマンの父親は医者であり、この影響もあって、妻もさまざまな医学上のアドバイスをしたといわれている。

ミルクの活用は、スイスでの生活で身についたネスレならではの発想である。しかし、ミルクは新鮮さが売り物で、長期保存はできない。ネスレはこれを保存ができて母親の身近なものにするために、濃縮した牛乳と砂糖だけでできたミルクペーストをベビーフードにした。その後、さらなる試行錯誤を繰り返しながら、小麦粉を混ぜた乳児用シリアルを開発した。未熟児で食べ物を受けつけなくなった瀕死の乳児がいたため、シリアルを薄めて与えたところ、数日後に病状が回復したという。このエピソードが近隣の村々に「奇跡の栄養」として伝わり、乳児を育てる母親の間に瞬く間に広まった。幼児を救うこのシリアルは近隣の国々にも広がり、ネスレが一躍注目される契機となった。ネスレは生前、このシリアルについて「私の発明は新たな発見ではない

2 A. Pfiffner, *Henri Nestle（1814-1890）: vom Frankfurter Apothekergehilfen zum Schweizer Pionierunternehmer*, Imprimerie Corbaz, 1995.

が、長年知られている物質を正しく合理的に調合し、子どもたちに与える栄養として最善であるように作っただけです。主成分はスイスの最高級のミルク、そしてパン、砂糖だけ」と言っている。[3] このベビーフードを開発したのは、ネスレがヴェヴェーにやってきた24年後のことであり、54歳になっていた。ネスレは謙遜した言葉で語っているが、このシリアルの開発と製造は、相当の時間をかけた一大発見であることを忘れてはならない。

4 アングロ・スイス社との合併と第二の創業

ベビーフードの販売拡大に伴い、ヴェヴェーでの工場を拡張し、１８７２年、ネスレが58歳のときに、従業員20人で１日２０００缶のベビーフードを生産した（図表1－3）。これをヨーロッパだけでなくアメリカ、オーストラリア、南米などの小児病院に輸出したところ、その価値が認められ、販売は拡大の一途をたどった。

これに対応するために、近代的大工場を作る必要が出てきた。しかし、ネスレはすでに60歳を超えており、自身で工場を拡張する野心はなかった。そのため、１８７５年、ヴェヴェーの工場を「ネッスル」というブランド名とともにスイスの金融グループに売却した。このようなことから考えると、ネスレは実務家として経営に携わるよりも、研究者、科学者としての道が性格に合っていたのかもしれない。

3 A. Pfiffner, *Henri Nestle（1814-1890）: vom Frankfurter Apothekergehilfen zum Schweizer Pionierunternehmer*, Imprimerie Corbaz, 1995.

図表1-3　1880年代当時のネスレの工場

出所：Nestléホームページ「The Nestlé company history」〈https：//www.nestle.com/aboutus/history/nestle-company-history〉。

金融グループに売却した2年後の1877年、ネスレの製品に模倣してアングロ・スイス煉乳会社（Anglo Swiss Condensed Milk Company）もコンデンスミルクを売り出した。アングロ・スイス社は1866年、アメリカでジョージ&チャールズ・ページ兄弟（George and Charles Page Brothers）が設立した会社で、アメリカ国内で相当大きな規模で営んでいた。その後、スイスのミルクに目をつけて進出し、ミルク事業を始めたのである（図表1－4）。この頃、アングロ・スイス社はすでにアメリカ国内には工場が14ヵ所あり、イギリスやドイツ、そしてスイスへと拡張していった。

アングロ・スイス社がスイスでの事業を行うことで、コンデンスミルク事業はネスレと競合することになった。アングロ・スイス社はネスレより資本も規模も大きく、ネスレには到底勝てる相手ではなかった。しかし、アングロ・スイス社はアメリカでの工場建設や業容拡大のあまり経営危機に陥った。アイスクリームの“Lady

図表1-4　ネスレ小史

1866年	アメリカ人のチャールズ&ジョージ・ページ兄弟がアングロ・スイス煉乳会社設立を支援。
1867年	アンリ・ネスレが「乳児用乳製品」の生産を開始。
1905年	アングロ・スイスとネスレが合併し、ネスレ・アングロ・スイス煉乳会社を設立。
1929年	スイス初のチョコレートブランド、「カイエ」を生み出した会社である、ペーター・カイエ・コーラーを買収。
1938年	「ネスカフェ」発売。
1947年	「マギー」スープやブイヨン、調味料を生産するスイスのアリメンターナと合併し、社名をネスレ アリメンターナと改称。
1948年	アメリカのネスレ アリメンターナが「ネスティー」を発売。冷たいミルクにも簡単に溶ける「ネスクイック」も発売され、ベストセラー製品となる。
1969年	フランスのミネラルウォーターブランド「ヴィッテル」の株式を取得し、ミネラルウォーター市場に参入。
1974年	世界的な化粧品会社であるロレアルの株式を一部購入。食品・飲料を越えた多角化を初めて行う。
1977年	ネスレS.A.と改称し、さらなる多角化戦略を進める。
1981年	ネスレとロレアルが、皮膚科学分野で合弁会社ガルデルマを設立。
1985年	アメリカに拠点を置くカーネーション カンパニーを買収し、「Carnation」や「Coffee-Mate」のブランドを自社製品に加える。「フリスキー」ブランドを買収し、ペットフードビジネスへも参入。
1986年	ネスレ ネスプレッソS.A. を設立。 ドイツの食品メーカー「Herta」を買収。
1988年	イギリスの菓子会社ロントリー マッキントッシュを買収し、「キットカット」などを自社製品に追加。 イタリアのパスタ、ソース、菓子グループのブイトーニ・ペルジーナを買収。
1990年	朝食用シリアルを世界中で製造・販売するため、アメリカの大手食品会社ジェネラルミルズと、シリアル パートナーズ ワールドワイドを設立。
1991年	「ネスティー」などのブランドの製造・販売のため、コカ・コーラと、ベバレジ パートナーズ ワールドワイドを設立。
1992年	フランスのペリエグループを買収し、ミネラルウォーター分野での地位を確立。 ボトルウォーターの「ポーランドスプリング」を販売。
1993年	新たな飲料水事業会社としてネスレ ソース インターナショナルを設立（2002年にネスレ ウォーターズと改称）。

1997年	Creation of Nutrition Strategic Business Division（2006：Nestlé Nutrition） CEOに就任したピーター・ブラベックが、ミレニアム方針として「栄養・健康・ウェルネス」のリーダーであり続けることを宣言。
1998年	イタリアのミネラルウォーター事業者サンペレグリノ グループを買収。新興国において清潔で健康的な飲料水を保証するため「ネスレ ピュアライフ」を発売。 イギリスのペットフード事業者スピラーズを買収。
2001年	アメリカのペットフード事業者のラルストン・ピュリナを買収。
2003年	アイスクリームのモーベンピックとドライヤーズ グランド アイス クリームを買収。
2006年	Creation of FoodService Strategic Business Division（2009：Nestlé Professional） Lactalis Nestlé Professional Frais（associate） 体重管理事業者のジェニー クレイグやオーストラリアの朝食用シリアル会社アンクル トビーを買収。
2007年	医療栄養分野拡大に向け、ノバルティス メディカル ニュートリションを買収。 ベビーフード企業のガーバーと、スイスのミネラルウォーター事業グループのスルス ミネラル ヘニエも買収。
2011年	ネスレ ヘルスサイエンスと、ネスレ インスティテュート オブ ヘルスサイエンスを設立。 中国の銀鷺（食品）、徐福記（菓子）に資本参加。
2012年	乳児用栄養分野強化のため、ワイス ニュートリションを買収。
2013年	ネスレ ヘルスサイエンスが、アメリカの医療用食品会社のパムラブを買収。
2014年	ネスレ スキンヘルス設立。

出所：ネスレ日本ホームページ「ネスレS. A. の歩み」
〈https：//www.nestle.co.jp/aboutus/global/global-history#tab-2006〉
〈https：//www.nestle.co.jp/aboutus/old/global-history〉
をもとに筆者作成。

Borden" で有名なアメリカのボーデン社もコンデンスミルクに参入し、両社の競争は激しくなっていた。ついにアングロ・スイス社は、アメリカ工場の一部をボーデン社に売却することになった。

ボーデン社は、ゲイル・ボーデン[4]が創業した缶入りのコンデンスミルク製造で大成功を収めていた。成功の要因は、持ち運びが便利で栄養価が満点、さらに保存が効くことで、ミルクの少ない大都市をはじめ、ゴールドラッシュに沸くカリフォルニア各地で大人気だった。アメリカのコンデンスミルク事業も、スイスに進出することで競争はますます激しくなった。結果としてスイスで地盤を築いていたアングロ・スイス社は、その存続の道をネスレと合併することで再生することになった。

アングロ・スイス社は、吸収合併される形で、ネスレのブランドを受け継ぐことになる。ネスレが会社を創立したのは１８６７年、ページ兄弟が創立したのは１８６６年、そして両社が合併してスタートを切るのは１９０５年である。ここにネスレは、合併によってそのブランドをヨーロッパのみならずアメリカ市場にも進出させる足掛かりを得る。

5 チョコレート事業の取り込み

思いもしなかったアメリカ企業との合併は、ネスレがその後の経営手法を学んでいく土台を作ることになる。その経営手法とは、M&Aはうまくいけば企業発展の起動力となるということである。

4 Gail Borden：1800-1890年

ネスレの発展というと、M&Aの歴史を思い起こさせるが、このDNAはネスレがアメリカ企業との合併によって飛躍の道を切り拓いたことが基本にある。両社の合併は、スイスという小さな国での事業を超え、アメリカ市場への足掛かりを一気につかむことになった。

次にネスレのさらなる発展の契機となるのが、チョコレート事業である。当時チョコレートは高価な薬品の部類として薬局で売られていたので、コンデンスミルクと同様にネスレには興味深い商品であったに違いない。ネスレが生まれた1814年には、すでにスイスではチョコレートが売られていた。1819年にチョコレート製造を最初に手がけたのはフランシス・カイエ[5]である。

しかし当時のチョコレートの作り方はまだ機械化されておらず、水力でこねて作っていた。その製造工程はまず、原料のカカオ豆を挽いてドロドロにし、それに砂糖を混ぜ、次いですりつぶした形状の状態のまま屋外で冷却し、切断して包装するという具合だった。その後、1875年、この製法に手を加え化学的製法によるチョコレートを作ることに成功したのが、カイエの娘婿に当たるヴェヴェー出身のダニエル・ペーター[6]である。カイエは、チョコレートにミルクを加えたミルクチョコレートの製法を世界で初めて成功させた会社なのだ。ここにも、スイスのミルクを活用した商品開発が隠されている。

そのチョコレートは、それまでアングロ・スイス社が売り出していた「カカオ砂糖菓子」と違って化学的プロセスを経て細かい粉末状にし、保存の効くミルクを加えたものだった。ダニエル・ペーターはヴェヴェー出身だけあってネスレの飛躍を横目にしながら、自らチョコレートとミル

5 Francois-Louis Cailler：1796-1852年
6 Daniel Peter：1836-1919年

クの混合実験を試みてミルクチョコレートの開発に成功した。

カイエのミルクチョコレートは、今、ネスレブランドで売られているが、スイスでもう一つよく目にするのはリンツ（Lindt）である。これは、スイスの行政の中心地ベルン（Bern）の薬剤師であったロドルフ・リンツ[7]が開発した「フォンダントチョコレート」という、口のなかで溶けるチョコレートで、発売後、大きな人気を呼んだ。ミルクチョコレートに加えてこのとろけるチョコレートの製造技術は、当時は画期的発見といわれた。

カイエやリンツが開発したチョコレートの製造方法は、スイスのほかにヨーロッパやイギリスにも広がった。チョコレートが人びとにとって身近な食べ物となりその需要は一気に拡大したのだ。特にスイスでは大小さまざまな業者がチョコレートを作り始め、過当競争になった。それにより、チョコレート製造業者の間で業績悪化や淘汰される企業も出始め、カイエもその例外ではなかった。そこで、カイエはネスレとの合併によってチョコレート事業の存続を目指すことになる。ネスレはやはりミルクに関係することでチョコレートを１つの大きな事業として発展させることになる。その後、イギリスのチョコレート老舗ブランド「キットカット」を買収することによって、ネスレはチョコレート事業を不動のものにする。

7 Rudolf Lindt：1855-1909年

6 創業期で学んだこと

１８００年代の中頃から後半にかけてをネスレの誕生と発展、１９０５年のアングロ・スイス社との合併を再スタートと捉えると、その後に続くネスレの発展は事業領域の拡大と海外市場の取り込みと考えることができる。しかし、事業領域の拡大といっても、他社とのＭ＆Ａによる外部資源の取り込みによるものが多い。

１９００年代になって、スープの素で名高いスイスのマギー社（Maggi）のほかにも、ドイツやフランスのアイスクリーム、フランスのヨーグルト、アメリカの冷凍食品や缶詰食品、フランスの水を扱う会社など、買収を重ねていく。

しかし、ネスレを不動のものにしたインスタントコーヒーはオリジナル商品である。１９２０年代末期、コーヒーの大産地であるブラジルでコーヒー豆の大豊作が起こり、価格が暴落した。これに苦慮したブラジル政府は「過剰に生産してしまったコーヒー豆の販路を見つけてほしい」とネスレに依頼した。１９３８年、ネスレは数年間の開発期間を経て独自に考案、開発したものを「ネスカフェ」の商品名で売り出したのだ。これはお湯を注ぐだけで飲めるコーヒー粉末であるから、便利で持ち運びもできることから家庭でも一躍人気の飲み物となり、特に戦争で闘う兵士の必需品として愛飲されることになった。永世中立国スイスは本格的な戦争に巻き込まれることなく、戦争当事国における食料分野の需要が拡大し、インスタントコーヒー事業はスイス経済に潤いをもたらす契機となった。ネスレのルーツであるコンデンスミルク、チョコレート、スープそしてコーヒーは兵士の必需品となり一層の拡大の道を歩むことになった。特にインスタントコーヒーは、アメリカの兵士のみならず、一般家庭にも大々的に普及する飲み物となった。わが国でも、戦後アメリカ軍が駐留することによってコーヒーが導入され、その後の日本における一般家庭への普及が始まるのである。

以上のことから、ネスレの拡大はスイス国内での飛躍よりも海外とのかかわり合いのなかで発展してきたことがわかる。国内市場が狭いため、海外市場への飛躍の道を拓いたことはスイス企業の特徴となっているが、問題は、なぜこれができたのかということだ。ネスレの経営は、海外企業のM＆A、それをベースにした海外市場の取り込みであり、それは今もって変わらない。ネスレに限らず、スイス企業のこのような特徴は歴史的に見たスイスの成り立ちと深い関係があることを知らなければならない（第９章参照）。

7 スイス企業の国外とのかかわり

スイスはフランス、ドイツ、イタリアに囲まれ、歴史的にもそれらの国の影響を受けて国家が成り立ってきた。それを物語る身近なことは、今でもスイスでは３ヵ国語が公用語として使われていることである。フランス国境に近いジュネーブあたりはフランス語、ドイツ国境に近いチューリッヒあたりはドイツ語、そして南のイタリア国境に近いルガーノではイタリア語が使われている。このような地形学的位置はスイスの成り立ちを語るとき、最大の文化的歴史要因であることを認識する必要がある。経済活動の側面から見ても、険しい山々に囲まれ鉱物資源や耕地面積も少ないスイスは、生活の糧を近隣諸国との取引によって成り立たせてきた。いわば、国境を越えることは、スイスの人びとの暮らしのなかでは特別なものではなかった。

また、スイスの地形学的位置からして逃れることができない要因は、近隣諸国の戦争にいつも晒されてきたことである。19世紀はフランス、ドイツ、イタリアなどのヨーロッパ諸国で、内戦や隣国との争いが絶えなかった。一方のスイスはそれらどちらの国にも偏ることなく中立的な立場をとってきたため、その争いを免れて半ば国外亡命の形でスイスに逃れてきた人も多かった。スイスはその当時から国外からの流入者が多い多様性のなかで発展してきたが、それは今日でも語ることができる。スイスの人口は今、850万人といわれ、そのうち外国人は200万人を超えている。人口に対する外国人比率が高い、世界でも屈指の国である。スイス国外からの流入者の過去をたどれば、ネスレ創業者のアンリ・ネスレはドイツから、重電機で有名なABB（ASEA Brown Boveri）のブラウンはイギリスから、バリウムの開発により医薬品会社ロシュの救世主となったレオ・スターンバックはポーランドから、そして現在、世界的人気となっている時計のスウォッチの創立者ニコラス・ハイエックはレバノンからの流入者である。これらの人びとは、外国で生きるために事業へと挑戦し、そして事業をどのような形で発展させるべきかを知っていた。つまり、スイスという国内市場よりも、近隣諸国の市場が有望であることの意義を自然に身につけていたのだ。

スイスの歴史を語るときに忘れてならないのは、傭兵として国外で活躍した兵隊である。いわば、国外での出稼ぎ兵である。これはスイスの今を考えると想像もつかないことであるが、国内に経済的な糧がなかったがために、勇敢な男子は外に出た。通信網の発達していない当時、傭兵の国外任務はそこでの情報をさまざまな形で持ち帰った。スイスの銀行がどこよりも先駆けて発展したのは傭兵の契約金や国外からの送金が要因であったといわれる。多くの観光客が訪れるチューリッヒ（Zürich）に近いところにルツェルン（Luzern）があり、ここに「瀕死のライオン像」がある（図表９－５、１７３頁参照）。これは、スイスの傭兵がフランスのルイ16世を必死に守った兵士を讃えるものである。当時のスイスの社会情勢を物語る１つのモニュメントといえる。

国外への働きかけなくして経済的に成り立ちえないのがスイスだった。スイス国立銀行（ＳＮＢ）の元総裁ジャンピエール・ロートは「スイスは貧しい小国だったからこそ発展した」と述べている。[8]

近年、多国籍企業の研究で、ボーングローバル企業（Born Global Company）が注目されている。主に、北欧諸国で生まれた企業が創業（Born）したときから海外（Global）に飛躍しようとしている企業を研究対象としているが、歴史的に遡ればネスレはもちろん、スイスの企業はすべてボーングローバル企業ということができよう。

8　R.J. Breiding, *Swiss Made: The Untold Story Behind Switzerland's Success*, Profile Books, 2013.（ジェイムズ・ブライディング著、北川知子訳『スイスの凄い競争力』日経BP社、2014年）

第2章

ネスレのグローバル経営体制

1 ネスレの事業概況

ネスレは今、どのような商品を作っているのであろうか。われわれには何といっても、コーヒーブランドの「ネスカフェ」や、チョコレート菓子の「キットカット」、近年ではマシンでコーヒーを淹れる「ネスプレッソ」、アイスクリームの「ハーゲンダッツ」、ペットを飼っている人には「フリスキー」などが思い浮かぶのではないだろうか。しかしこれらは、1000以上のブランドをもつネスレからすると、ほんの一部でしかない。

ネスレはこれら商品群を、大きく7つに分けている。2017年時点で、その商品別構成の割合は図表2－1のとおりである。

①粉末、液体飲料　20・4％
②ニュートリション、ヘルスサイエンス　15・3％
③乳製品、アイスクリーム　13・4％
④調理済み食品　12・5％
⑤ペットケア　12・0％
⑥菓子　8・8％
⑦ウォーター　7・5％

図表2-1　カテゴリー別売上高と事業規模

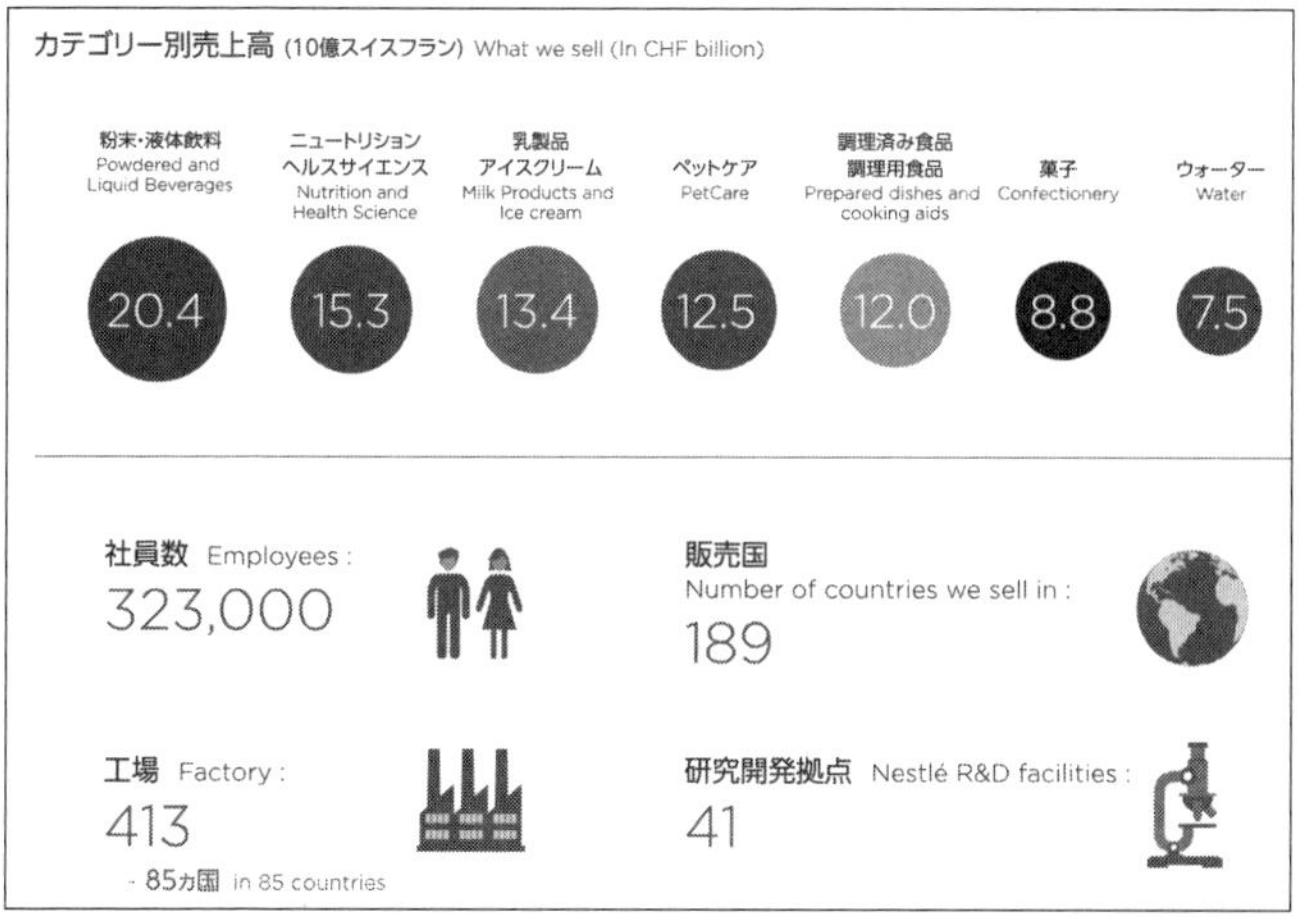

出所：ネスレ「会社案内」2018年5月
〈https：//www.nestle.co.jp/asset-library/documents/about_us/2018%20nestle%20corporate%20profile.pdf〉。

それぞれの代表的ブランドは、図表2－6のとおりである。このような商品カテゴリーで見ると、われわれが初めて目にするブランドがいかに多いかがわかる。そして、近年では健康分野の食品、ペット分野の食品、さらには水分野へと事業領域を拡大している。

それでは、ネスレの売上、利益はどれくらいの規模なのだろうか。**図表2－2**を見ると、2017年時点のグループ売上高は898億スイスフラン（1スイスフラン115円で計算すると10兆3270億円）である。この規模は、日本の食品企業の上位5社である、明治（1兆2408億）、サントリー（1兆2340億）、アサヒ（1兆8574億）、キリン（1兆8637

図表2-2　ネスレの地域別売上高と利益

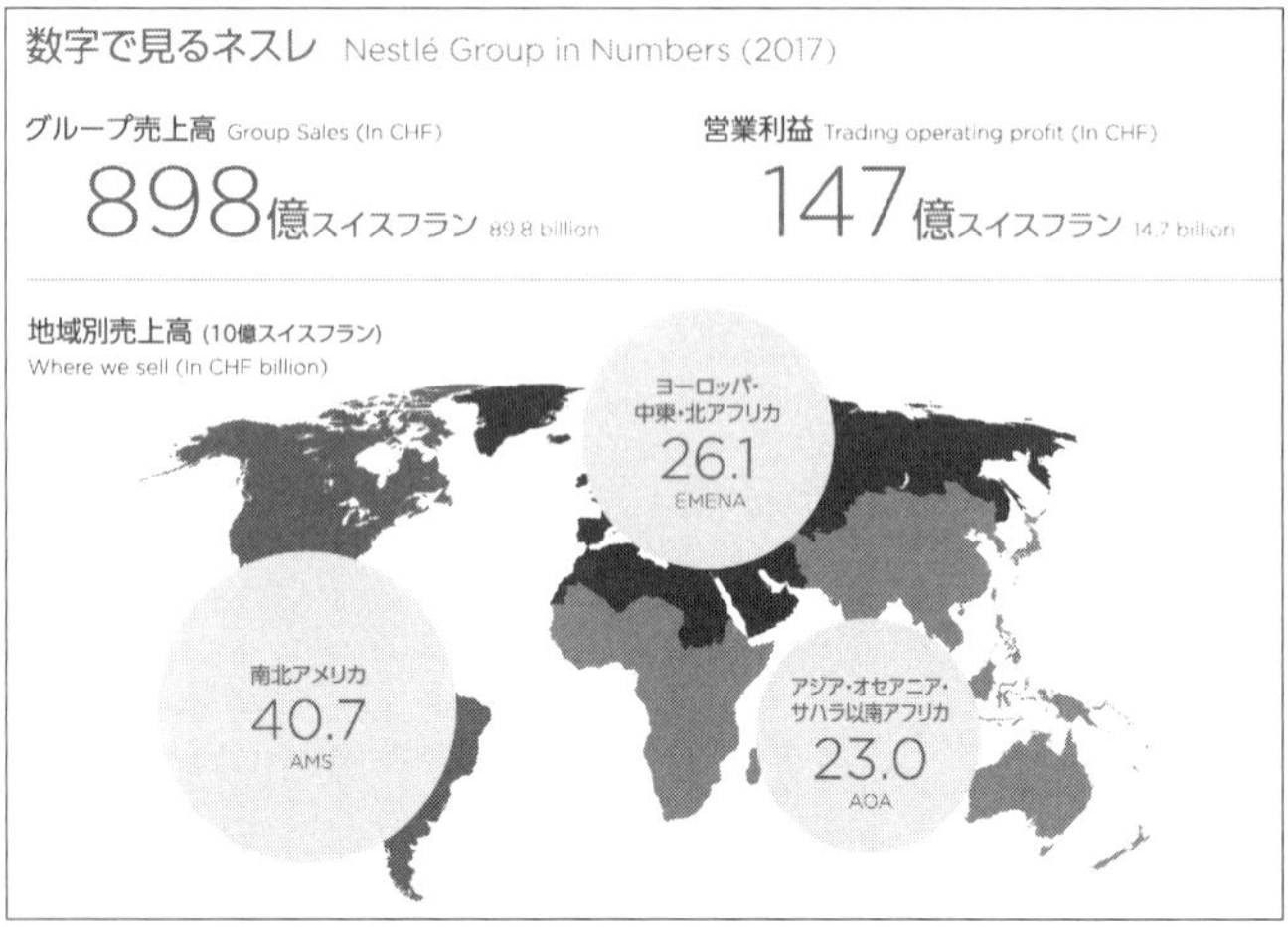

出所：ネスレ「会社案内」2018年5月
〈https：//www.nestle.co.jp/asset-library/documents/about_us/2018%20nestle%20corporate%20profile.pdf〉。

億）、ＪＴ（２兆１３９７億）―いずれも２０１７年時点―を合わせた８兆３３５６億円を優に超えており、いかにネスレが巨大企業かがわかる。また、営業利益は１４７億スイスフランで、日本円に換算すると１兆６９００億円である。日本の食品企業上位５社の営業利益は合計１兆円であり、こちらも超えている。ちなみに、日本で一番売上高が大きいのはトヨタの約22兆円で、利益は２兆円前後である。しかし、トヨタは車という個々の取扱高が大きい分野で、ネスレの食品分野とは１個当たりの桁が違う。これを考えても、食品分野での10兆円の売上がいかに大きい規模かがわかる。

２０１７年時点で、ネスレの全世界の社員数は32万３０００人であり、工場は85ヵ国に４１３、販売国は１８９ヵ国である（図表２－１）。研究開発拠点は、基礎研究所であるサイエンス&リサーチセンターが３ヵ所、プロダクトテクノロジー、R&Dセンターが38ヵ所で、合計で41ヵ所になる。

また、ネスレは世界を大きく３つの地域（ゾーン）に分けた経営責任体制をとっている。３つのゾーンごとの２０１７年の売上は、図表２－２のとおりである。

●ヨーロッパ・中東・北アフリカ地域（Zone EMENA）
　26・１スイスフラン（約３兆円）
●南北アメリカ地域（Zone AMS）
　40・７スイスフラン（約４兆６０００億円）
●アジア・オセアニア・サハラ以南アフリカ（Zone AOA）
　23・０スイスフラン（約２兆６０００億円）

本拠地ヨーロッパよりも南北アメリカの方が大きく、また最も伸びているのがアジア、アフリカである。これは中国を含めた売上だが、インドも加えると新興国市場としての成長が期待される地域である。

社員数や工場数、販売国数などを見ると、いかに地球上の隅々にまでネスレブランドが浸透しているかがわかる。まさに〝食の帝国〟として世界に君臨するスーパーグローバル企業である。

図表2-3　ネスレのロードマップ（成長の原動力、競争上の強み、事業の基本戦略）

出所：ネスレ「会社案内」2018年5月
〈https：//www.nestle.co.jp/asset-library/documents/about_us/2018%20nestle%20corporate%20profile.pdf〉。

このような飛躍的な事業拡大の背景には、外部資源を自社に取り込むM&A戦略である（第3章参照）。

　ところが食品分野での事業拡大を図ってきたネスレも、21世紀に入って大きなカーブをとり始めてきている。2001年、当時CEO（Chief Executive Officer：最高経営責任者）を務めていたピーター・ブラベック[1]は、ネスレは食品メーカーから「栄養・健康・ウェルネス企業」になることを宣言した。ブラベックは食品を「生命維持のために食べた時代から、戦後は食を楽しむ時代になった。21世紀は食で健康を改善、維持する時代になる」と考えたのだ。ブラベックの後は、2008年からCEOに就任したポール・ブルケ[2]が

1　Peter Brabeck：1944年-
1997年よりCEO。2008年からは会長を務め、2017年に退任。

2　Paul Bulcke：1954年-

その路線を引き継ぎ、２０１７年からは、ネスレでは食品部門出身そして内部昇格ではない初めてのＣＥＯを外部からスカウトした。新しいＣＥＯはドイツ生まれで医薬、ヘルスケア事業のリーダーシップで大きな成功を収めてきたウルフ・マーク・シュナイダー[3]である。

ネスレが描いているロードマップでは、図表２－３のように「栄養、健康、ウェルネス」を達成するための事業の基本戦略、成長の原動力、競争上の強みとして12の要因を共有している。これを見ると、これからの成長力の源として新興市場を潜在市場として捉え、それに対応した低価格帯の商品開発、ネスプレッソのようにオフィスなどの家庭外での消費開発、そのためのグローバル研究開発の強みと多様な人材の活用と確保、そして、これまで作り上げてきた世界の消費者との一番近い距離にある競争上の強みをロードマップにしていることがわかる（世界の工場立地国と工場数は図表２－４）。ちなみに、筆者は新興市場に対応したこれらの商品をネスレ本社の商品ショールームで見たが、低価格で小分けにした買いやすいものになっている。われわれが一般に目にする商品スタンスとは違う、ネスレのきめ細かな戦略の実態を見ることができる。

3 Ulf Mark Schneider：1965年-

図表2-4　ネスレの世界各国の工場数

ゾーンAMS（南北アメリカ地域）：159工場			
アルゼンチン	6	ボリビア	1
ブラジル	22	カナダ	7
チリ	7	コロンビア	4
コスタリカ	1	キューバ	3
ドミニカ共和国	2	エクアドル	3
グアテマラ	2	メキシコ	12
ニカラグア	2	ペルー	1
パナマ	2	アメリカ	77
トリニダード・トバゴ	1	ベネズエラ	5
ウルグアイ	1		

ゾーンAOA（アジア、オセアニア、サハラ以南アフリカ地域）：109工場			
アンゴラ	1	オーストラリア	8
バングラディシュ	1	カメルーン	1
コートジボワール	1	ガーナ	1
中国	31	インド	7
インドネシア	4	日本	3
ケニア	1	マレーシア	7
ミャンマー	1	ニュージーランド	2
ナイジェリア	3	パキスタン	4
パプアニューギニア	1	フィリピン	5
韓国	1	セネガル	1
シンガポール	2	南アフリカ	6
スリランカ	1	タイ	8
ベトナム	6	ジンバブエ	1
エチオピア	1		

ゾーンEMENA（ヨーロッパ、中東、北アフリカ地域）：145工場			
アルジェリア	1	バーレーン	1
ベルギー	1	チェコ	3
デンマーク	1	エジプト	2
フィンランド	2	フランス	19
ドイツ	13	ギリシャ	2
ハンガリー	2	イラン	2
イラク	1	アイルランド	1
イスラエル	9	イタリア	10
ヨルダン	1	レバノン	2
モロッコ	1	オランダ	1
ポーランド	5	カタール	1
セルビア	1	ルーマニア	1
ロシア	6	サウジアラビア	7
スロベニア	1	スペイン	10
スウェーデン	2	スイス	11
シリア	1	チュニジア	1
トルコ	2	ウクライナ	3
アラブ首長国連邦	3	イギリス	9
ウズベキスタン	2	ブルガリア	1
ポルトガル	3		

総計　85ヵ国／413工場

出所：Nestlé, Annual Review 2017; 2018, p.53をもとに筆者作成。

2 ネスレの経営体制を見る

(1) 組織体制と仕組み

多種多様な商品を扱い、国連加盟国にほぼ近い国に進出しているネスレの経営体制はどのように行われているのだろうか。これは、多国籍企業の発展と組織の研究においてはきわめて興味深い事例の1つといえる。

単一事業や単一商品の場合は、海外に進出しても、国や地域で管理するグローバルな経営体制に編成できるだろう。たとえば、自動車産業の場合は高級車、普通車、低価格車の商品群はあるが、大きくは自動車という単一製品には変わりない。自動車産業が海外進出し、世界各国や地域で販売生産活動を行っても、市場別の経営体制をとることは難しいことではないのだ。

ところが、複数製品を扱っている多角化企業が海外に進出した場合、製品別、事業別の経営体制なのか、地域別の経営体制なのか、そして最終的に誰がその事業、地域について責任をもつのかが問題になる。基本的に企業はビジネスである事業を行うことが経営であるから、その事業の責任者が最終責任を担うことになる。この責任体制のあり方は多国籍企業の製品別事業部制の考え方である。しかし、創業国の事業規模より進出地域での事業の方が大きくなると、市場である地域で管理する経営体制も重要な戦略課題になってくる。つまり、先進的な多国籍企業は事業部別経営体制をどのようにとるかである。

1つの考え方として、事業と地域の両方から見るマトリックス組織や地域本社制の考え方が出てくる。これは、多国籍企業の理想の組織であり、実際にこのような組織体制で運営されている多国籍企業もある。しかし、実際問題としてマトリックス組織も地域本社制も、経営の最終責任体制や組織の重複構造から見て問題も多い[4]。

多角化した製品事業と多数国、地域に進出した企業の経営管理体制はどうあるべきなのか。そして、指令塔である本社はどこまで事業や市場に関与すべきか。いわば本社の有する責任権限である集権化の部分と事業部門が有する分権化の部分をどのように調整するかの問題である。組織における集権化と分権化は組織論の基本的課題であり、これを企業組織で考えた場合の本社への集権化と事業部門のあり方への分権化は経営戦略の基本課題である。「組織は戦略に従う」というチャンドラー[5]の有名な言葉があるが、事業の多角化と海外市場の拡大のための経営体制のあり方、そのための組織構造のあり方はどこの企業も環境変化に対応して柔軟に考えていかなければならない。

(2) 事業領域

ネスレは多数の商品を扱う多角化企業であり、顧客である市場は地球規模である。

4 高橋浩夫『グローバル経営の組織戦略』同文舘出版、1991年。
5 Alfred Chandler：1918-2007年

この場合、ネスレでいえることは、多種多様の商品を扱っているとはいっても、その事業領域（Domain：ドメイン）は大きくはわれわれ消費者に身近な食品事業領域であるということである。そこでネスレは、それを徹底するために経営の基本原則を次のように定めている。

① コングロマリットにはならず、あくまでも食品メーカーとして事業を展開する。ただし、戦略的な視点から医療事業には限定的に参入している。

② 食品事業では加工食品分野に特化する。自社内での垂直統合には拘泥しない。
→上流の農業経営、原料流通、あるいは下流の食品流通、外食には参入しない。

③ 加工食品分野の主要カテゴリーにおいて、世界的なブランドを保有する。
→総合食品メーカーとして、流通業者に対し販売力を発揮する。

④ 参入したカテゴリーでは自社傘下のブランド群によって高いシェアを獲得する。
→自社の既存ブランドに加えて、ローカルの有力ブランドも買収により自社の支配下に置く。

⑤ 安定的な業績が残せるよう、事業、地域間のバランスを重視する。
→事業の運営に当たっては、特定の事業分野ごとに、地域に過度に依存しない。事業構成の急激な変化も避けている。

このように、経営の基本方針として食品事業をコアにしながらその周辺のビジネスの拡大を目指している。ただし、近年になって食を通じた健康のための医薬分野にも参入している。これは、未来を見据えた戦略の転換と捉えられる。自社ブランドに加えて、M＆Aによるローカルブランドも傘下に置いて、高いマーケットシェアをとることである。M＆Aはこれまでも積極果敢に行ってきたが、これからはこの分野でもマーケットリーダーになることを目指している。

(3) 現場主義とは何か

ネスレは商品群を７つに分け、世界を３つのゾーンに分けた経営体制をとっている。多くの商品群を抱えて全世界に事業展開するネスレの経営の基本原則は、事業と市場の両側面を基本に据えたマトリックス経営体制である。ネスレのこれまでの発展はM＆Aによる外的成長戦略であるが、その基本は、買収企業が自律的に経営できるための分権組織である。これは、中興の祖といわれるヘルムート・マウハー[6]がそれまで、本社であるヴェヴェーに集中していた権限を、事業部門である現場、そして顧客の一番近いところに経営を任せたことである。

マウハーがCEOに就任した１９８０年代初頭は、ネスレの業績はあまりよくなかった。マウハーは「イノベーションは製品が顧客と出会うところ、すなわち現場で起こる」と考え、市場や顧客に近いところに権限を付与し、本社スタッフを削減した。マウハーはCEO就任後、M＆Aを積極的に行っていくが、その基本は本社の経営権限は最小限に留め、現場主義による買収企業の自律的運営に任せた。組織論的に考えても多種多様な事業と市場を本社が一括管理することは不可能であり、分権化された現場の判断で行われるべきことを基本に置いたことである。

6 Hermut Mauar：1927-2018年

実際に、ネスレのヒット商品の7割は本社ではなく現地法人から生まれており、いかに現地の市場である顧客に根差した経営が重要であるかわかる。

たとえば、ネスレ日本の本社は神戸にあるが、基本的に日本市場での事業展開の経営責任を負っている。ネスレは3年に1回、各国の現地法人が中長期の計画を作成し、幹部がスイス本社のヴェヴェーに出向いて発表する大会がある。ここで本社の全役員、全部署と会議を行い、最後に大きな会議室でプレゼンテーションを行って承認を受けるのである。ここで承認を受ければ、後は各現地法人の経営責任で行われる。

(4) 経営責任の現場体制

3つの地域の売上高を各ゾーン別に見ると、アメリカ地域が407億スイスフランと一番多く、ヨーロッパ、アジアなどの地域が230億スイスフランである。ただ、商品群である7つのカテゴリーで見ると、一番大きいのはコーヒーなどの粉末飲料で、全体売上の24・4%、小さいのはウォーターで、7・5%である。

しかし、今は少ないが将来的に期待される商品や市場がある。これをどのように反映させた組織体制を作るかが課題である。本社組織（図表2－5）で見ると、3つのゾーン（Zone EMENA・Zone AOA・Zone AMS）の責任者と、ウォーターとニュートリション（栄養食品）の責任者は、ヴェヴェー本社のCEOに直結している。この2つはGMB（Globally Managed Business）といい、グ

図表2-5　ネスレNAの組織

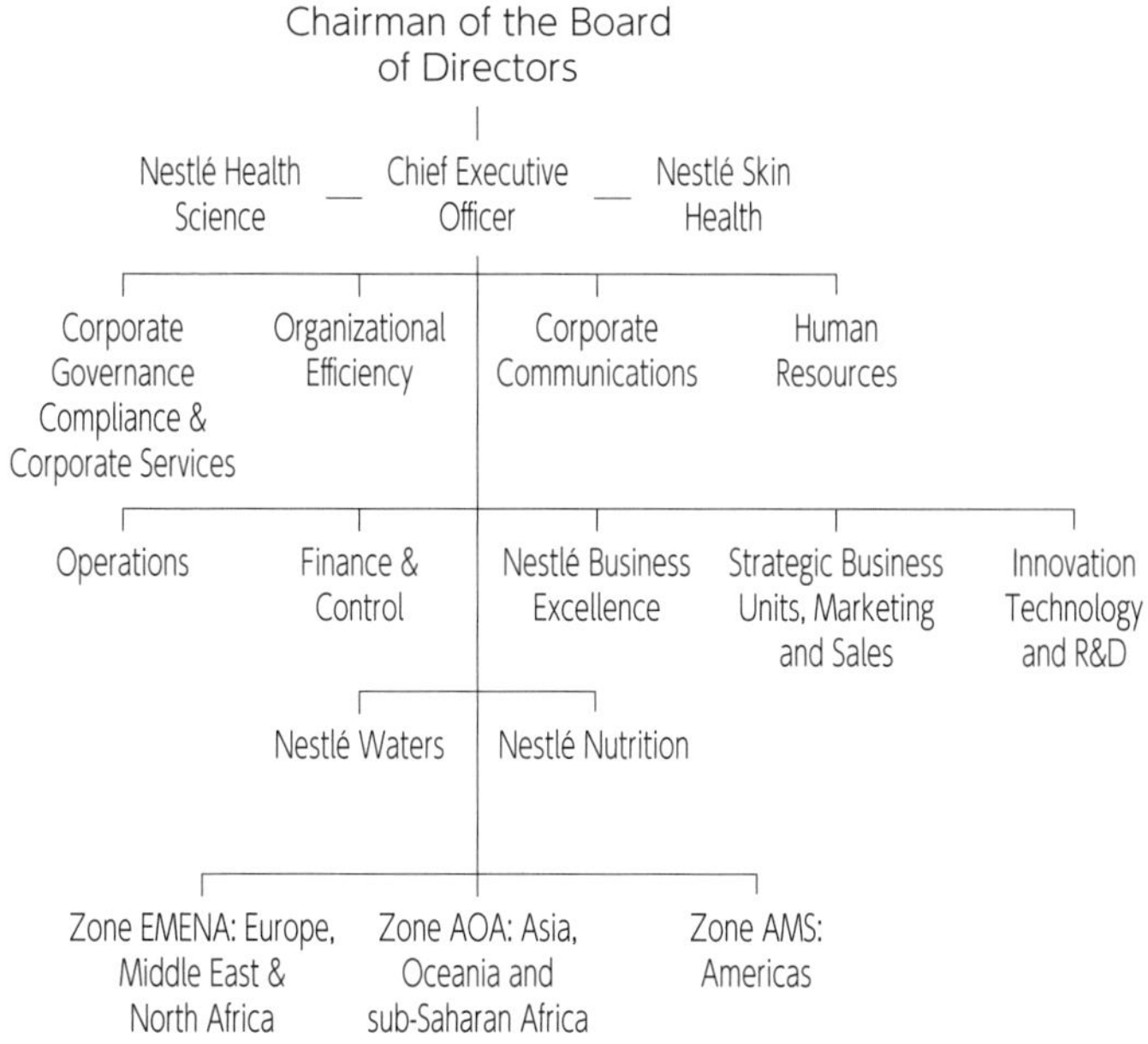

出所：Nestlé, Corporate Governance Report 2017, 2018.

ローバルに管理すべきカテゴリーである。３つのゾーンの責任者はそれぞれに地域本社を設立している形態ではなく、ヴェヴェー本社で統括している。しかし、ゾーン責任者がヴェヴェー本社にいるのは１ヵ月に一度の執行役員会に出席するときだけだという。ヴェヴェーの本社に席があっても、普段は担当する地域をくまなくまわっているのだ。

また、事業についてはＳＢＵ(Strategic Business Unit)という、ネスレにとっての成長できる戦略事業単位である。ＳＢＵには①日々使う商品、②ネスカフェに代表される粉末飲料、③チョコレート、菓子、④アイスクリーム、乳製品、⑤マギーなどの調理済食品、⑥ペットフードの6つの事業を指定している。それらのSBUは基本的にコストセンターであり、収益責任は3つのゾーン責任者のもとで行われている。

このように、分野の主要ブランドそれぞれにSBUを設け、専任スタッフが担当ブランドに関するマーケティング戦略を策定するとともに、現地法人による戦略の実行を支援、調整している。SBUはあくまでもコストセンターであり収益責任を負っていない。ネスレの国際事業の基本は、現地法人に最大限の裁量を与えながら、それぞれを自律的に運営させる「マルチナショナル・オペレーション」体制である。

一方、現地法人の社長は、その国でどの商品に重点的に予算を配分するか、あるいはどの商品をいつ市場に導入するのかなど、事業運営に関する決定権を有している。

現地法人の事業計画については、年間計画と3ヵ年のローリングプラン（中期計画を情勢変化に合わせて毎年見直す）がある。計画の決定に際しては、本社からの地域担当マネジャーとともに、財務部門やSBUからもスタッフが参加して各国の事業の中長期的方向性を討議する。

3 ブランド戦略

グローバル企業のブランドは、通常、グローバルブランド、リージョナルブランド、ローカルブランドの３つにわかれている。グローバルブランドは世界のさまざまな国や地域で展開されるブランド、リージョナルブランドは特定の地域で展開されるブランド、そしてローカルブランドはある一国に特化して展開されるブランドである。ローカルブランドからグローバルブランドになるにつれ標準化傾向が強くなる。グローバルブランドはさまざまな国や地域で展開されるため、展開国間における共通性が問われる。そこには消費者の特徴や法制度の仕組みなどといったような多様な要素が含まれる。規模の経済とはスケールメリットとも呼ばれ、モノ作りの規模を拡大することによって能にする。規模の経済とはスケールメリットとも呼ばれ、企業は可能な限り標準化を行いながら世界で展開することにより、規模の経済を可開発効率や生産効率、流通効率などを高めてコストを減少させるものである。

ネスレのブランドも、これらの分類と基本的に同じで３つにわかれている。コーポレートブランド（Corporate Brand）として、ワールドワイド・ストラテジックブランド（Worldwide Strategic Brand）、リージョナル・ストラテジックブランド（Regional Strategic Brand）、ローカルブランド（Local Brand）の３段階に分けて、個別製品ブランドを体系化している。

ネスレは今、世界で１０００以上のブランドを有しているといわれ、そのなかで年間売上高１０００億円以上の製品はおよそ30あるといわれている。具体的には「ネスカフェ」「マギー」「ブイトーニ」「ミロ」「ピュリナ」「ペリエ」「キットカット」「コントレックス」などは、ワールド・ストラテジックブランドである（図表２−６）。これらのブランドは、ＳＢＵとトップマネジメントが統括する。ＳＢＵはブランドポジショニング、ラベル基準、コミュニケーション方針、パッケー

図表2-6　ネスレブランドのカテゴリー別商品

ジング手引きなどを作成し、現地法人に提示する。

リージョナルストラテジック・ブランドは地域市場を対象としており、SBUと地域担当役員が統括している。ワールドストラテジック・ブランドと同等の手順で管理されるが、各種基準は地域担当役員の承認となる。

ローカルブランドは特定国市場だけを対象としており、各国の現地法人が統括する。戦略は各国のブランドマネジャーが立案しSBUがモニターする。

なお、2ヵ国以上で展開し

出所：Nestlé, Annual Review 2018, 2019, pp.14-15.

ているブランドは80程度に留まり、大半はローカルブランドである。ただし、ローカルブランド群の連結売上高への貢献は小さいといわれている。不振ブランドは比較的短期間に見切りがつけられ、売却され、傘下のブランド群によって高いシェアを獲得する。ただ、基本的にネスレのブランド戦略は「進出した国、地域における消費者の五感にかかわるものはすべて現地適合化」するといわれている。それ故に現地子会社の意思決定が尊重され、現地消費者の嗜好やニーズが製品自体や販売方法、プロモーションへ積極的に取り入れられている。

たとえば、わが国でも人気のキットカットの場合、地域や季節によってさまざまな味が登場するが、その製品開発におけるグローバル拠点の1つが神戸にあるネスレ日本である。お馴染みの抹茶味は日本でしか販売されておらず、訪日客の間で大ヒット商品になっている。

4 ヴェヴェーの本社――32万人を率いる本社の役割

(1) 本社の捉える3つの視点

多種多様な事業をグローバルに展開するネスレの本社は、創業時の150年前と変わらず、現在もスイスのヴェヴェーにある。ここはまさに総本社、つまり、グローバルヘッドクオーター(Global Headquarter)である。総社員数32万3000人のうち、ヴェヴェーの本社に勤務する社員は約

2000人と、総社員数に占める割合はきわめて少ない。それでは、ヴェヴェーの本社はどのような役割を担っているのだろうか。筆者は、本社とは何か、次の3つの視点から捉えている。

1つ目は、物理的視点から考える本社である。つまり、本社をどこに置くかというサイティング(Siting)の問題である。本社はその発展のルーツである創業の地に置く場合もあれば、事業の拡大発展に伴って経営を行ううえでアクセスが便利な都市部に移すところもある。日本では、代表的なグローバル企業において、創業の地が本社になっている企業も多くある。たとえば、トヨタやパナソニックの創業の地は、それぞれ愛知県豊田市と大阪府門真市であるが、現在もそこが本社である。ただ、全体から見た場合、日本の一部上場企業の半数以上は東京圏、そしてほかは大阪圏、名古屋圏にあるところが多い。これは東京圏で創業した企業もあれば、東京に本社を移した企業もある。アメリカやヨーロッパでは多くのグローバル企業は創業の地に置いているが、金融やサービス産業、ソフトウエア産業となると、大都市で創業し本社もそこにあるところが多い。

2つ目は、本社の機能とは何かということである。事業の拡大に伴って、それらに共通する業務はどこかで集中して行った方が効率的である。たとえば、財務や情報システムの構築、広報や広告宣伝、人材の育成、長期的な経営計画や技術戦略の策定は、本社が事業活動全体を総合的に見ることが必要であるからだ。個々の事業部門や関連会社、子会社を含むグループ全体にかかわり、集中して行った方が効率的な機能は本社が担うのである。

3つ目は、本社は戦略的機能を担うところと捉える。今やグローバル企業となったHOYAの中興の祖である鈴木哲夫社長に本社の役割について尋ねた際「本社はトップマネジメント、CEOのオフィスである」と明言した。つまり、本社はトップマネジメントが経営戦略を策定する際のサポート機能を担っているのだ。本社はそれに関連する機能であり、本社の任務は最小限の人材で戦略策定のクオリティー（Quality）こそが求められる。[7]

つまり、本社はCEOのオフィスであり、それをサポートするいくつかの機能があればよい。その意味では本社機能はスリムであるべきだが、最小限の人員であるから弱いということではなく、事業全体を見据えた強力な求心力が課せられている。つまり、次なる成長の源となる事業の方向性を見据え、そのための経営資源の重点的配分をどう行うかである。

このような視点から近年、日本企業の本社のあるべき方向として目指しているのがホールディングカンパニー（Holding Company）、つまり持株会社である。持株会社制は戦前には日本にあったものの、戦後財閥解体の下で禁止されていた。ところが近年の国際競争が激しくなるなかで、それに対応するグループ全体を束ねた強い本社のあり方として1990年に、持株会社が解禁された。ネスレと同じ食品業界の明治、サントリー、キリン、アサヒなどの企業は、グループ本社としてホールディングカンパニー制をとっている。さまざまな事業を行っている多角化した企業の全社戦略の策定は、究極のところ、ホールディングカンパニーの形態になるしかないということである。それではネスレの場合は、本社はどのような機能を担っているのであろうか。

7 高橋浩夫『グローバル企業のトップマネジメント』白桃書房、2005年。

(2) グローバルヘッドクオーターの役割とは

本社に関して、物理的視点から考えてみよう。筆者はヴェヴェーの本社を数回訪問したことがあるが、そこはレマン湖に面した芸術的なシンボリックなビルである（図表2－7）。本社会議室でネスレの経営体制についてプレゼンテーションを受けたときの窓から見るレマン湖畔の美しさは、今でも忘れられない。一度訪問した人は誰でも、このようなオフィスで働きたいと思うに違いない。ヴェヴェーは国際都市ジュネーブに近く、ロケーションとしても最高といえよう。ジュネーブからはヨーロッパの主要都市はもちろんのこと、アメリカ、アジア、中国などへの直行便が出ており、アクセスも便利である。ネスレにあっては、創業の地に近いジュネーブが世界の国際都市として発展したことも、本社機能をヴェヴェーに置き続ける大きな要因だと思われる。

図表2-7　ヴェヴェーのネスレ本社

出所：A. Pfiffner, Henri Nestlé（1814-1890）: vom Frankfurter Apothekergehilfen zum Schweizer Pionierunternehmer, Imprimerie Corbaz, 1995.

ネスレ本社では、年間を通じてさまざまな経営幹部会議や発表会、研修（本社近くのリブレイン（Rive-Reine）で行われる）などが頻繁に行われている。このさまざまな集まりには、スイス国内より世界中からの参加が多いが、これを容易にしているのは、やはり物理的アクセスのよさであろう。

本社といっても、純粋にNestlé S.A.に従事する社員は２００名ほどであるが、ヴェヴェーの本社には２０００人が勤務しているといわれる。これは、ネステック（Nestec）という別組織で、ヴェヴェー本社内にあり、３つのゾーンやＳＢＵ、ウォーターやニュートリション事業などの戦略業務に従事している社員である。また、ヴェヴェー本社には、全世界のネスレ子会社からプロジェクトベースの形で期間を限って派遣されているミッション（Mission）といわれる社員も含まれる。ネステックはいわば社内コンサルタントのような役割を果たし、全世界のネスレの事業活動をサポートしている。

(3) 本社の機能――持株会社

ネスレ本社の正式名称はNestlé S.A.である、Ｓ．Ａ．はフランス語の"Société Anonyme"の略であり、「株式会社」を意味する。ネスレの株式の上場は、本国のスイス・チューリッヒにあるスイス証券取引所のみである。一時はニューヨーク、ロンドン、東京に上場していたが、現在は廃止している。時価総額29・７兆円（２０１９年３月時点）という、世界ランキングでも13位（１位Microsoft、２位Apple、３位Amazon）の地位にありながら、なぜスイスでしか上場していないのであろうか。理由は、長期戦略を貫くネスレにとって、四半期決算によって強いられる株主からの短期的評価の考え方とは相容れないからだという。

ネスレはM&Aによってここまで成長してきた。それによって取得した株式はNestlé S.A.のもとにある。したがって、Nestlé S.A.は日本でいう持株会社であり、ホールディングカンパニーである。ここでの主要機能は、長期戦略を見据えた経営資源配分の最終意思決定であり、その決定に必要な最小限の機能を担っているのがNestlé S.A.の役割と考えてよい。本社組織を見ると、取締役会（Board of Director）の会長（Chairman）のもとにCEOが置かれ、それと同列の形で、健康分野に力を入れているNestlé Health Science, Nestlé Skin Healthの責任者がいる。

CEOに直接つながっているのは、水と栄養事業、そして3つのゾーン責任者である。また、本社の戦略スタッフとしてコーポレートガバナンス、コンプライアンスなどにかかわる法務部門、組織効率、コーポレートコミュニケーション、人的資源、オペレーション、財務、ビジネスエクセレンス、SBUとマーケティング、イノベーションやテクノロジーのそれぞれの分野の責任者が配置されている（図表2－5）。

5 コーポレートガバナンス体制

コーポレートガバナンスは近年の日本企業の最大の経営課題であり、その改革をめぐってさまざまに議論されている。この議論のきっかけとなったのは、１９９０年初頭のバブル経済の崩壊によって業績が悪化し、倒産企業が相次いだことだ。この責任を誰がとるのか、会社は誰のものか、誰のための会社なのか、企業経営の本質的あり方が問われた。日本的な考え方からすると、会社はそこに働く社員によって成り立っているから「会社は社員のもの」と考える。一方、アメリカでは会社は株主の出資によって成り立っているから「会社は株主のもの」と考える。そして経営者は、その会社の経営を託された株主の代理人と考える。したがって、その代理人である経営者がよい経営をできなければ株主からの圧力がかかり、経営責任をとってその地位から降ろされることもある。アメリカ流に考えれば、会社はあくまでも経済合理性を追求する組織体なのである。これを機能させるための最高意思決定機関が取締役会であり、その機関として、監査委員会、社外取締役などが設けられている。

ところが、これに対して日本の経営者の多くは社員から出世の形で登用された人が多く、社員の代表者として経営者を支え合う経営体制がとられている。これまでの経営は、少々の業績悪化でも経営者の責任が厳しく問われることはあまりなかった。しかし、日本では90年代以降、バブル崩壊によって業績は落ち込みその責任は誰がとるのか、厳しい株主の目に晒されることになった。その改革が今日の取締役会と執行役会との分離、社外取締役の導入、監査役会の設置、アドバイザリーボードや女性役員の登用などにつながっている。

それでは、超グローバル企業ともいえるネスレのコーポレートガバナンスはどうなっているのだろうか。図表２－８のとおりネスレの取締役会は２０１７年時点では14名で構成されている。ボードメンバーを国籍別に見ると、スイス５人、アメリカ３人、オーストリア・ベルギー・フランス・

図表2-8　ネスレのコーポレートガバナンス

取締役会（Board of Directors）メンバー

	役職	出身国	主なる領域
1	会長	ベルギー・スイス	食品・飲料
2	社長、CEO	ドイツ・アメリカ	ヘルスケア
3	社外取締役	スイス	食品
4		フランス	保険
5		スイス	法律
6		スイス	財務
7		スイス／アメリカ	財務
8		インド	銀行
9		スイス	中央銀行
10		アメリカ	NGO
11		中国	化粧品
12		ケニア	ニュートリション
13		スイス	科学者
14		アメリカ	技術

執行役会（Executive Board）メンバー

	役職と担当分野	出身国
1	CEO	ドイツ
2	EVP, Zone AOA	フランス
3	EVP, Business Excellence	アメリカ
4	EVP, SBU, Marketing	スイス
5	EVP, Zone AMS	アメリカ
6	EVP, Technology	スイス
7	EVP, Zone EMENA	イタリア
8	EVP, Finance	フランス
9	EVP,	スイス
10	EVP, Human Resource	スイス
11	EVP, Nutrition	ドイツ
12	EVP, Water	イタリア
13	Nestlé, Head	スイス
14	EVP, Communication	スイス

※2018年2月時点。
出所：Nestlé, Corporate Gavernance Report 2017, 2018.

中国・ケニアそれぞれが1人である。さすがにボードメンバーは多国籍で構成されている。また、ボードメンバーの専門領域は経済、ビジネス、法律、会計、財務、国際関係、食品、医薬の領域で、これからの地球規模での問題を考えることのできるメンバーで構成されている。

また、執行役会（Executive Board）のメンバーは14名である。このメンバーには、3つのゾーンの責任者のほか、本社のスタッフ部門に所属する9名が含まれている。国籍別に見ると、スイス6人、フランス2人、ドイツ2人、アメリカ2人、イタリア1人である。

アメリカのBoard of Directorや日本の取締役会、執行役員会との違いは、取締役会の長と執行役会の長が別人だということである。これはアメリカや近年の日本のコーポレートガバナンスとは違ったドイツ型である。ドイツは取締役会に相当する監査役会（Aufsichtsrat）と執行役会（Vorstand）からなる二重ボード制で、それらの最高責任者は違う人物である。監査役会は、執行役会の最高責任者を牽制し、将来の経営方向を指南する役割も担っている。ネスレの取締役会は年10回開催され、平均所要時間は3時間30分である。ほかに、取締役会の下部組織であるコーポレートガバナンス委員会は年9回、平均4時間、報酬委員会は年5回、平均1時間、指名委員会・サステナビリティ委員会は年5回、平均1時間10分、監査委員会は年4回、平均2時間45分となっている。

第3章

ネスレの基本戦略
——M&Aに潜むもの

1 企業の成長方式

企業の成長方式には、内部資源を活用して段階的に徐々に成長発展していく内的成長（Internal Growth）と、外部資源を取り入れて一気に成長発展を加速させる外的成長（External Growth）がある。前者は伝統的な日本企業の経営スタイルであるのに対し、後者はM＆Aによってダイナミックに成長発展を図るアメリカ企業の経営スタイルである。

ボストン・コンサルティング・グループ（Boston Consulting Group）の日本代表を務めたジェイムズ・アベグレン[1]は、１９７０年代当時から日本企業は買収戦略を積極的に行うべきだと主張していた。その頃、日本の経営は内的成長こそが経営の基本であり、他企業を買うなどということは「人身売買」にも似た悪い経営イメージがあった。日本企業が海外企業を買収したのは、72年、当時の松下電器産業によるアメリカ・シカゴにあるクエーザーのテレビ部門のM＆Aが最初である。その後、大きな案件としては、80年代の住友ゴム工業によるイギリスのダンロップ社の買収（１９８５年）や、ブリヂストンによるアメリカのファイアストン社の買収（１９８２年）、大日本インキによるポリクローム社の買収（１９７９年）があった。

当初の日本企業には馴染まなかったM＆Aであるが、今や国内外を問わず経営戦略の有力な手段として日本の経営に根づいている。企業成長のためには内部資源の活用だけでは事業領域が限られ、

1 James Abegglen：1926－2007年

企業競争に負けてしまう。そのためには、次の成長発展戦略として外部資源も取り込みながら、その相乗効果を狙う企業買収が有効な経営戦略になってきた。しかし、もともと段階的に徐々に発展する内的成長を基本にしてきた日本の経営と海外企業では経営文化が違うため、他企業を買収し、相乗効果を発揮することの経営スタイルに失敗するケースも多い。アメリカ企業はもともと企業を1つの有機的経済活動体として捉え、それを売り買いすることは当然の経営行為であったため、M&A戦略はアメリカ経営の伝統でもあるといえる。

2 外部資源を取り入れたグローバリゼーション

ヨーロッパを代表するネスレの経営はどうだろうか。ネスレの成長戦略といえばM&Aに代表されるほど、外的成長方式による他企業との合併やM&Aによって、グローバル企業の地位に登り詰めている。創業者アンリ・ネスレが始めた幼児用のミルク会社が、それよりも規模の大きかったスイスのコンデンスミルクを取り扱うアングロ・スイス社と合併したことが、同社の設立のルーツとなった。その後、食品事業分野であるチョコレート、パスタ、スープ、アイスクリーム、冷凍食品、飲料水、ペットフード、ヘルスケア、そして最近の医療品事業に至るまで、その多くがM&Aによって拡大成長し「食の巨人」となってきた。

図表3－1は、ネスレがこれまでM&Aを行ってきた主な買収である。M&Aには、事業分野を

構わず次々と外的成長を取り入れることを基本とするコングロマリット（conglomerate）という、複合企業体を目指す経営方法もある。しかし、ネスレの場合は明確に食品事業分野に定めていることが特徴である。近年になっては、巨艦が少し舵をとるように、これからの社会を見据えたヘルスケア分野のＭ＆Ａも行い始めた。その方向の舵とりとなるＣＥＯに、２０１６年、ヘルスケア企業で経営経験のあるドイツ人を外部から迎え入れた。

日本企業においては、バブル経済が軌道に乗り始めた１９８０年代に、当該企業の事業分野とは異なる分野の事業をＭ＆Ａによって取り込み、多角化する企業が増えたが、これらはバブル経済の崩壊によってことごとく失敗した経験がある。Ｍ＆Ａは、将来の経営を見据えた外部資源の戦略的活用を目的に行うため、相乗効果となる同じ事業領域にある企業を取り込むことが多い。

ネスレのＭ＆Ａはすべて成功してきたわけではなく、その後他社へと売り払った企業も数多い。つまり、Ｍ＆Ａは内部成長と違って急速な発展が期待されるが、外部資源を取り入れて成長発展することは、経営リスクも伴い難しい選択肢である。しかし、ネスレの場合は、Ｍ＆Ａを経営戦略の基本に据えて成長発展してきている。次は、その成功の理由について見ていく。

図表3-1　ネスレの主なM&A

1922年	スイス初のチョコレートブランド「カイエ」買収。
1947年	スープやブイヨンで有名なスイスの「スイスのアリメンターナ社」合併。
1960年	アイスクリームで有名なドイツの「ジョパ」とフランスの「ウドベール・ジェルヴェ」買収。
1962年	スウェーデンの冷凍食品ブランド「フィンダス」買収。
1968年	フランスのヨーグルト会社「シャンブルシー」買収。
1973年	アメリカの冷凍食品会社「ストウファー」買収。
1974年	フランスの化粧品会社「ロレアル」の株式一部購入。
1976年	アメリカの缶詰食品会社「マクニール&リビー」買収。
1985年	アメリカの「カーネーション」を30億ドルで買収。
1988年	イギリスのキットカットで有名な菓子会社「ロントリーマッキントッシュ」買収。 イタリアのパスタ会社「ブイトーニ」、チョコレート会社「ペルジーナ」買収。
1922年	フランスの飲料水会社「ペリエグループ」買収。
1998年	イタリアのミネラルウォーター会社「サンペレグリノグループ」買収。
2001年	アメリカのペットフード会社「ラルストンピュリナ」を103億ドルで買収。
2002年	「ハーゲンダッツ」のライセンスをアメリカ、カナダで取得。
2006年	オーストラリアの朝食用シリアル会社「アンクルトビー」買収。
2007年	スイスの製薬会社「ノバルティス」のヘルスケア部門を25億ドルで買収。 アメリカのベビーフード企業「ガーバー」、スイスのミネラルウォーター会社「ルス ミネラル ヘニエ」買収。
2010年	アメリカのクラフトチーズの冷凍ピザ事業を37億ドルで買収。
2012年	アメリカの製薬会社「ファイザー」の栄養補助食品部門「ワイス・ニュートリション」を119億ドルで買収。
2013年	アメリカの医療用食品会社「パムラブ」買収。
2017年	アメリカの高級コーヒーチェーン「ブルーボトルコーヒー」買収。
2018年	アメリカの「スターバックス」商品の販売権を約72億ドルで買収。

出所：筆者調査。

3 M&Aによる事業拡大

今や「食の巨人」となったネスレであるが、1867年の創立から1900年代初めまでの50年間は、今日のネスレのような多様な製品ブランドはもっていなかった。この時期のネスレの発展を回顧してみると、いわばその後の発展のための助走期間といってもよいだろう。会社の寿命は、数十年で終わるものもあれば、半世紀、そしてその後の発展へと続く100年企業もある。企業の運命を左右するものは、社会経済発展の流れを汲み事業構造を変え、新たな経営へと形を変え進化することだ。

ネスレの名は、その事業の柱となる乳幼児乳製品の要請とともに、ヨーロッパの近隣諸国、アメリカやブラジル、そしてアフリカなどへと広がり、明治初期には日本にも知られていた。ネスレ飛躍の契機となったのは、創業40数年近く経ち、競合関係にあったアングロ・スイス社と合併したことである。アングロ・スイス社は合併当時20以上の工場を抱え、アフリカ、アジア、ラテンアメリカ、オーストラリアに広がる海外販売ネットワークをもっていた。これは、ネスレ製品を販売するためにも好都合の合併であった。その後1914年に始まった第一次世界大戦で、兵士の体力を支える煉乳やチョコレートの需要が拡大し、ネスレ乳製品への人気が高まった。チョコレートは当初、地元スイスにあったチョコレートの輸出販売をネスレが請け負う形で行っていたが、チョコレート事業発展の流れを汲んだネスレは１９２９年にスイス初のチョコレートブランド「カイエ」を生み出したペーター・カイエ・コーラー社を買収する。

ネスレは創業50数年後にチョコレート事業に参入し、さらに50数年後の１９８８年に、今の「キットカット」ブランドであるイギリスのロントリーマッキントッシュを買収する。ネスレは買収戦略として、チョコレート事業を約50年ものタイムスパンでグローバルブランドへと育ててきた。

インスタントコーヒーの「ネスカフェ」は、ネスレのオリジナル製品である。お湯を注ぐだけで飲めるコーヒー粉末で、便利で持ち運びもできることから家庭でも一躍人気の飲み物となり、特に戦争で闘う兵士の必需品として愛用されることになった。わが国では戦後、アメリカ軍が駐留したため、ネスカフェはアメリカ軍から聞き広がり、１９５０年には本格的にネスカフェの輸入を開始することになる。ネスカフェの輸入はネスレ日本が担い、大々的な宣伝効果とマーケティング戦略によって飛躍的に拡大した。その後、コーヒーの輸入自由化を受け、ネスカフェの日本での国内生産を開始した。ネスカフェはわれわれ日本人にとってインスタントコーヒーの代名詞となり、ネスレの日本での地位を不動のものにした。

現在、ネスレ全体の製品群のなかで、コーヒー飲料は一番の売上を誇り、２兆円を超えている。しかし、そのほかの製品は十数兆円近くになっているものもあれば、１兆円に満たないものもある。

コーヒー以外の栄養、ヘルスサイエンス、アイスクリーム、調味料、冷凍食品、菓子、ペットフード、ミネラルウォーター類は、M＆Aによって拡大してきた事業である。たとえば、スープやブイヨンで有名なマギーブランドは、1949年に調味料を生産するスイスのアリメンターナ社との合併によるものである。このほかにも、1960年にアイスクリーム需要の高まりとともに、ドイツの製造業者ジョパとフランスのメーカー、ウドベール・ジェルヴェを買収した。さらに2002年に、「ハーゲンダッツ」のライセンスをアメリカとカナダで取得した。

4 1980年代以降のM&A戦略

(1) CEOのビジョンとアクション

ネスレは1980年代以降、他社とのM&Aを、食品事業を中心軸に成長発展し、その事業の上に立って、ペットフード、ミネラルウォーター、ヘルスサイエンスへと事業拡大を加速していく。

M&Aは、自社資源をベースに1つひとつ積み重ねていく内的成長と違い、現存している他社をタイムリーに取り込むことの意思決定が求められる。なぜならM&Aは、他社企業との競合関係のなかで行われるからだ。そのため、CEOの強いリーダーシップによる素早い意思決定が要請される。これができるのは、自ら事業を立ち上げたオーナーシップ型の経営者か、その企業発展の中核となって成長へと導いた中興の祖といわれるような経営者か、あるいは他社での成功経験を買われ外部から招いた専門的な経営者であろう。わが国では、M&Aによって企業を飛躍的発展に導いたソニーの盛田昭夫、ブリヂストンの石橋幹一郎、ミネベアの高橋高見、大日本インキの川村茂邦、近年に至っては日本電産の永森重信、楽天の三木谷浩史、ソフトバンクの孫正義らが、オーナーシップ型の経営者である。

自らが買収企業を選択し、素早い意思決定によって傘下に収めていくことは、日本の伝統的な経営手法とは違い、アメリカ型であり、外部資源を自社へと組み入れる外的成長方式である。しかし、より詳しく見ると、その方式は企業によって、経営者によって、またそのときの経営環境によって異なってくる。欧米企業であっても、M＆Aなどは行わず内的成長を基本にして発展しているところもあれば、日本企業でも積極的にM＆Aを行い、急速な発展を遂げているところもある。ネスレはこの分類からすると、欧州企業でありながら、積極的なM＆Aによって食品分野では他社の追随を許さない巨大企業へと発展してきた。

１９８０年代以降のネスレのＣＥＯを見ると、その在任期間は平均して10年前後である。つまり、ＣＥＯに就いて10年ぐらいの期間で、長期戦略を据えたM＆A戦略による成長発展を推進してきた。

(2) 中興の祖・マウハーの時代——１９８０年代から90年代

今日のネスレの飛躍的発展には、M＆Aを次々と仕かけた中興の祖といわれる、ヘルムート・マウハーの存在が大きい。マウハーは１９８１年から１９９７年までの16年間、ＣＥＯの地位に就いていた。１９９１年には31件ものM＆Aを手がけたといわれる。マウハーが在任中に手がけた

M&Aには、ミルクなどを取り扱うアメリカのカーネーションや、イギリスの「キットカット」で知られるロントリーマッキントッシュの買収、そしてフランスのミネラルウォーター「ヴィッテル」で知られるペリエグループの買収による水事業への本格参入が挙げられる。

カーネーションの買収は、30億ドルという当時としてはネスレにとっても大型のM&Aであった。これによって、ネスレのアメリカ市場での存在は一気に大きなものとなった。アメリカ市場でのシェアは1984年の24・1%から85年には37%に増加し、総収入も35・7%増となった。カーネーションは、ネスレが当時参入を模索していたペットフード部門で「フリスキー」という強力なブランドを有しており、アメリカに72工場、海外にも17ヵ国に39工場をもっていた。カーネーションを取り込むことは、販売で難のあったネスレの弱点を補う絶好の機会であり、「アメリカ以外でもネスレの手薄の部分を補完する形になるのが魅力だった」とマウハーは振り返っている。[2] このM&Aによるペットフード事業への参入により、2001年、アメリカのペットフード事業者のなかでもさらに大きいラルストン・ピュリナを103億ドルで買収することになった。これを契機に、今日のネスレのペットフードは、一大事業部門へと育っていく。

ロントリーマッキントッシュの「キットカット」は、イギリスのナショナルブランドともいうべき同国の魂でもあり、当時はM&Aにイギリス国内でも大きな反発があった。しかし、マウハーは「ロントリーと言う名もブランドも残す、ネスレが買収することでキットカットは世界市場に広がるんだ」と自らが広告塔の先頭に立って説得したという。[3] 当初はチョコレート事業での国際

2『日本経済新聞』「私の履歴書：ヘルムート・マウハー」1998年9月連載。
3『日本経済新聞』「私の履歴書：ヘルムート・マウハー」1998年9月連載。

提携という形で、25％の資本出資で話し合っていたが、ライバル会社によるＴＯＢ（Take Over Bid：株式公開買い付けによる敵対的買収）が仕かけられ、最終的にはロントリーとの友好的買収の形で合意に達した。今、キットカットは世界中で販売され、その名はチョコレート菓子の代名詞のようになっている。日本では、抹茶味のキットカットが人気である。ネスレのポリシーで、食べ物は元来ローカルなものであるため、キットカットの特徴であるウエハースの部分とそのブランド名を変えなければ、ローカルな風味に変えてよいということになっている。そのため商品開発に及び、日本限定の抹茶味のキットカットが誕生したのだ。これは、訪日客に大人気の商品となっている。

ミネラルウォーターは、今やネスレにとって他社の追随を許さない一大事業になっている。１９６９年にフランスのミネラルウォーター「ヴィッテル」の株式30％を取得しているが、この時点では副業という程度だった。しかし、マウハー就任後90年代に入ってからは戦略事業部門になり、今やコーヒーと並ぶ大きな事業に育っている。マウハーは、健康志向の高まりにより、カロリーの高いソフトドリンクは敬遠され、人間の行き着く飲み物は結局は水になるであろうと考えた。そして現在、水の味にこだわる人びとが多く、嗜好品の１つとして捉える傾向になってきている。地球規模で見れば、飲料に耐える水の絶対量は不足する。そのため、黙っていてもミネラルウォーターの需要は高まると考えたのだ。良質の水を得るには、良質の源泉をもっているかどうかに左右される。今、ネスレは世界に60以上もの源泉をもち、ペリエを筆頭にバルヴェール、サンペレグリノ、ヴィッテルなどの世界的に知られたブランドを傘下に収めている。

(3) ブラベックとブルケの時代――1990年代後半から2010年代

16年間CEOの地位に就いていたマウハーの強固なリーダーシップを受け継いだのは、ピーター・ブラベックである。ブラベックは1997年から2008年までの11年間CEOとして務めた。ブラベック任期中の最大のM&Aは、アメリカのペットフード事業者のラルストン・ピュリナ社を103億ドルで買収したことであろう。マウハー任期中の最大の買収はカーネーションの30億ドルであるから、103億ドルの買収がいかに大きかったかがわかる。その後2002年には、アイスクリームで有名な「ハーゲンダッツ」のライセンスをアメリカとカナダで取得した。ほかにも、2006年には、体重管理事業者のアメリカのジェニー・クレイグや、オーストリアの朝食用シリアル会社のアンクルトピー社を買収、2007年には医療栄養事業分野拡大に向け、スイスの大手製薬会社ノバルティスのヘルスケアニュートリション部門を25億ドルで買収した。また、アメリカのベビーフード企業のガーバーと、スイスのミネラルウォーター事業グループのスイスミネラルウォーターも買収した。

ブラベックの後を継いだポール・ブルケは、2008年から2016年までの8年間をCEOとして務めた。ブルケは2001年、ネスレは食品メーカーから「栄養・健康・ウェルネス企業」になると宣言したが、これはネスレの大きな戦略転換となった。ブルケは、かつては食品を生命維持

図表3-2　ネスレの医薬事業関係の買収

2007年	スイスの製薬大手「ノバルティス」(Novartis) の栄養事業を買収。
2010年	イギリスの先天性代謝異常の患者に向けた栄養剤会社「ヴィタフロ」(Vitaflo) 買収。
2011年	アメリカの炎症性腸疾患やがんに対する医薬品や新弾薬を開発する「プロメテウス・ラボラトリーズ」(Prometheus Laboratories) を買収。
	キウイフルーツをベースにした便秘に効く製品などをもつニュージーランドの「バイタルフーズ」(Vital foods) に出資。
2012年	アルツハイマー病患者向けメディカルフードを製造するアメリカの「アクセラ」(Accera) に出資。
	香港のヘルスケアグループと折半出資で「ニュートリションサイエンスパートナー」(Nutrition Science Partners) を設立。胃腸の健康に対し漢方薬を使った研究開発に取り組む。
2013年	認知障害やうつ病、糖尿病の患者向けのメディカルフードを製造するアメリカの「パムラボ」(Pamlab) 買収。
2015年	ドイツの「リピットセラピュテックス」(Lipid Therapeutics) が開発する胃腸性大腸炎の治療薬について、ヨーロッパとオーストラリアを除く世界での権利を取得。
	微生物群へのアプローチで炎症性腸疾患などの開発を進めるアメリカの「セレス・セラピューティックス」(Seres Therapeutics) に出資。
	初期のアルツハイマー病を診断する検査を開発したスイスのバイオ製造会社「ACイミューン」(AC Immune) と提携。
	集中治療室 (ICU) に入って患者に必要な栄養をモニタリングする機能を高める技術について、アメリカの「GEヘルスケア」(GE Healthcare) と提携。
2016年	栄養科学とデジタルセンサー技術を使って栄養やライフスタイル、健康について利用者個々にアドバイスする「デジタルヘルスプラットフォーム」を開発するため、韓国の「サムスン電子」(Samsung Electronics) と提携。
	ネスレ日本の濃厚流動食事業の買収により、栄養補助食品事業「味の素」と販売提携。
	低下した脂肪を回復させるアミノ酸製品を開発しているアメリカの「アクセラヘルス」(Axcella Health) に出資。

出所：筆者調査。

のために食べていたが、戦後は食を楽しむ時代になった、21世紀は食で健康を改善・維持するための時代になったと、食に対する長期戦略を位置づけたブラベックの意志を継いだのだ。

その後、ブルケ任期中の2011年、ネスレ・ヘルス・サイエンス（Nestlé Health Science）とネスレ・インスティテュート・オブ・ヘルスサイエンス（Nestlé Institute of Health Sciences）を設立した。前者は医療・介護向け栄養食品、一般消費者向け食品、先進的な治療要素の強い3つのソリューションに取り組む事業会社であり、後者は脳、胃腸、筋肉、代謝などの分野で先端的な栄養の研究を行う研究所である。

医薬分野への進出を時系列で見ると、図表3－2のとおりある。

(4) シュナイダーのスカウトと巨艦の舵とり

2017年、ブラベックの後を引き継ぎCEOに就任したウルフ・マーク・シュナイダーはドイツ人で、外部から招いた人材で、しかも食品業界出身ではない経営者である。シュナイダーは1965年生まれと若い。スイスのザンクトガレン大学で博士号をとり、ドイツの多国籍企業、バイエルの上級管理職を歴任。ハーバード・ビジネス・スクールでMBAを取得後、ドイツの医療機器大手であるプレゼニウスに財務担当役員として入社し、2003年から2016年6月まで同社のCEOを務め、世界のヘルスケア大手に成長させた。ヘルスケア事業での経営手腕を見抜いて、シュナイダーを外部から招いたのだ。ネスレの長期戦略路線の大きな舵とりを、この人事戦略で明確に見ることができる。

５　ポートフォリオ分析ツール「アトラス」

外部資源を取り込んだＭ＆Ａ戦略によって事業拡大を行ってきたネスレだが、すべてがうまくいっているわけではない。新しい事業を手に入れる一方で、既存事業のなかで会社の方向性に合わなくなったものや、成長が期待できなくなったものも出てくる。そのため、事業の売却も積極的に行っている。特に、２００８年から２０１６年の間にＣＥＯの地位にあったポール・ブルケは、事業の売却を積極的に行ってきた。とりわけ２０１３年に全事業の見直しを行い、成長事業へ資源を集中させるために大胆に事業を売却することを公言してからは、**図表３－３**のように２０１２年以降、約20件が売却されている。そして２０１５年には、日本の缶コーヒー事業からも撤退している。

それでは、伸ばすべき事業、問題のある事業、撤退すべき事業の見分けはどのようにすべきか。世界１８７ヵ国で多種多様な事業を抱えるネスレにとって、その指標ともいうべき経営手法の開発が要請されていた。この要請に応える形で、ポートフォリオ分析ツール「アトラス」の開発を主導したのが前ＣＦＯ（Chief Financial Officer：最高財務責任者）で副社長（Executive Vice President）を務めたワン・リン・マルテロである。

「アトラス」とは、どのような分析手法なのだろうか。まず、ほぼ全事業を、地域とカテゴリー

図表3-3　ネスレの近年の売却企業

時期	対象事業	事業規模（売上高）
2012年	豪ピータース・アイスクリーム （アイスクリーム）	2億スイスフラン
2013年	ジェニークレイグ（ダイエット支援事業） メキシコのチルド乳製品 米国のペット保険 ドイツのチルド調理食品 米ジョゼフズ・パスタ（冷凍パスタ） 仏ホームケア デンマークのアイスクリーム	計8億スイスフラン
2014年	ドイツの乳児向け食品・飲料 韓国のJV事業 米ジューシージュース（飲料） 欧州の宅配水 トルコ・バラバン（菓子） パワーバー（栄養補助食品）	計7億スイスフラン
2015年	メキシコのアイスクリーム ダビジェル（冷凍食品） スペインの冷凍食品 伊サンバーナード ハンガリー・ケックティ（水） 欧州のペット用品	計8.5億 スイスフラン

出所：『週刊ダイヤモンド』第104巻第38号、2016年10月、40頁。

の組み合わせで約2500のセルに分ける。そして、それぞれのセルについて市場におけるカテゴリーの魅力はどうなのか、つまり成長する土壌があり、自社が他社に勝てる能力があるかどうかを検証するのだ。具体的には、過去と将来における「成長」「利益幅」「資本効率」などの各項目を評価する。成長項目の構成要素は、対象市場の成長性、市場におけるシェア、オーガニックグロース（OG：為替変動や買収売却などの影響を除いた売上高成長

図表3-4　ネスレのポートフォリオ分析ツール「アトラス」の概要

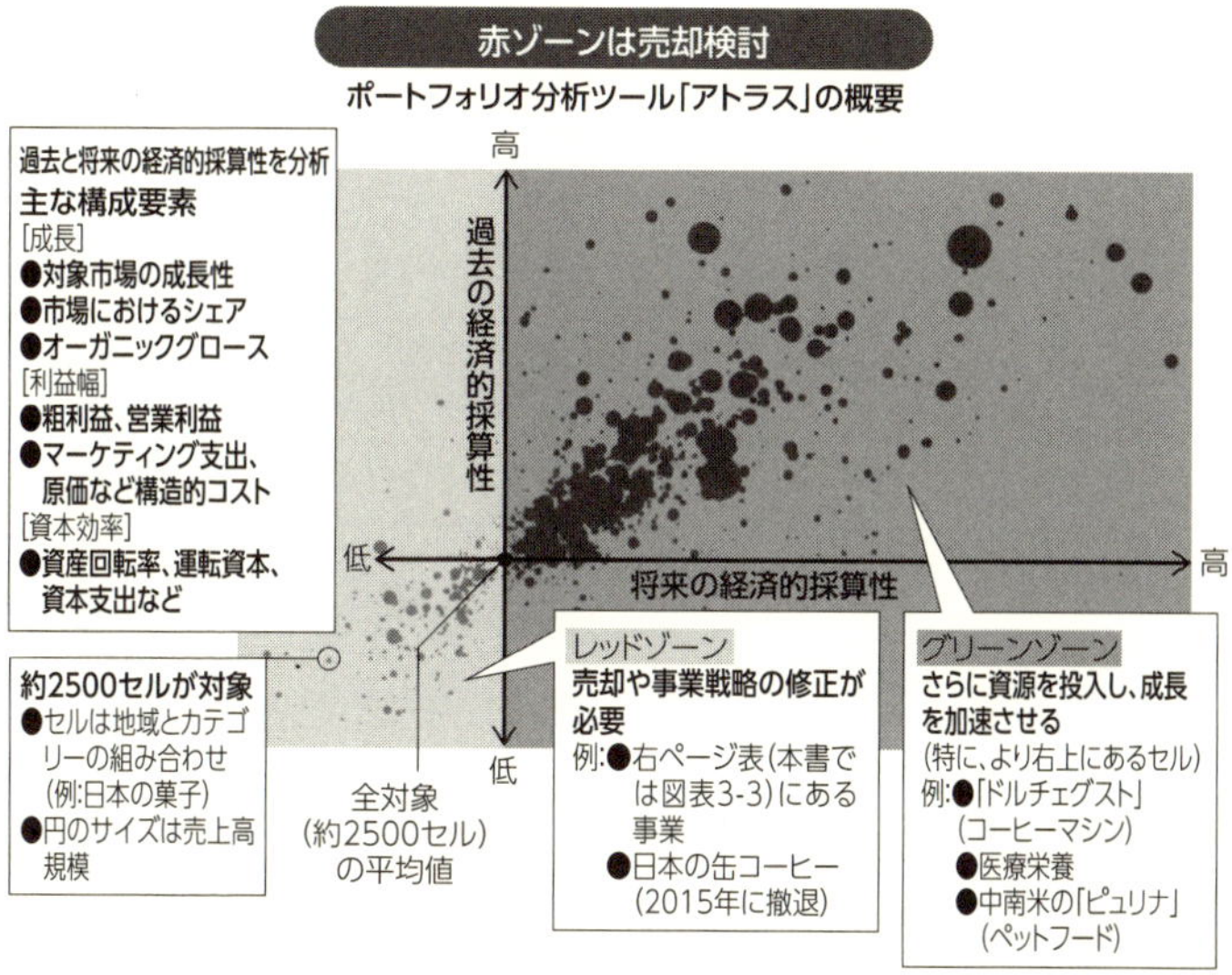

※このアトラスの図は、ネスレの投資家向けの資料をもとにして『週刊ダイヤモンド』が図式化したものである。
出所：『週刊ダイヤモンド』第104巻第38号、2016年10月、41頁。

率）。利益幅の項目は、粗利益、営業利益、マーケティング支出、原価など構造的コスト。資本効率項目は、資産回転率、運転資本、資本支出などである。過去数年分の実績および今後数年間の見通しについて、社内データはもちろん、市場の成長性などについては外部データも収集する。このデータに基づいて、セルを比較分布するのだ。

このときよく使われるのが、縦軸に過去の経済的採算性を、横軸に将来の経済的採算性をとったグラフだ（図表3−4）。グリーンゾーンに分布されたセルは、魅力があって競争力をもつものが多く、それらは成長を加速させるために資源を投入すべきビジネスに位置づけられる。反対に、魅力が少ないレッドゾーンに仕分けられると、ビジネスの修正を迫られる。この明確な分析手法により、感情に訴えて事業を継続させようとしても、セルに分布するゾーンで説明されると一目瞭然となる。ただ、レッドゾーンに分布されたからといって、その事業が即売却されるわけではない。事業を継続させるのであれば、どのくらいの期間でどれくらいの業務改善が可能であるかを詰める。そして、事業がレッドゾーンにあることを皆で共有し、そこから戦略の見直しを話し合うのだ。

6 M&Aの成功要因を考える

(1) 情報ネットワークの強さ

これほどまでに買収に次ぐ買収で成長発展を遂げてきたネスレであるが、買収企業の選別はどのように行うのであろうか。通常、企業買収にはその仲介役として、投資銀行が加わる。投資銀行はアメリカで発展を遂げてきた独自の銀行形態で、一般顧客を対象とするコマーシャルバンクと違い、資金調達のための証券業務の引き受けやM&Aを仲介することによって報酬を得る銀行である。顧客である企業の経営戦略を財務面からサポートするため、個別企業の業務に深く入り込んだ戦略的アドバイス機能の役割を果たす。そのため、個別企業を離れて企業間の業界再編成への助言、提携や買収によるシナジー効果の助言など、いわば企業の内密にかかわる情報入手と深くかかわっている。

このような特殊な投資銀行の形態は、日本にはこれまでなかったが、最近ではユニバーサルバンクと称して企業間の提携、買収を仲介する投資銀行の形態が出てきている。みずほコーポレート銀行やＳＭＢＣ日興証券、大和銀行、野村証券などがその役割を担っている。アメリカではファーストボストンやシティーバンク、メリルリンチ、ゴールドマンサックスなどがそうである。２００８年に破綻したリーマン・ブラザーズも、かつてはその役割を担っていた。

ヨーロッパ、スイスの場合にまず思い浮かべる投資銀行は、クレディ・スイス（Credit Suisse）やＵＢＳ（UBS Group AG）であろう。しかし、ネスレと関係の深い投資銀行は、イギリスのロスチャイルド（Rothschild）であるといわれている。ヨーロッパの貴族と語られているロスチャイルドは、今なお現存する金融機関で、Ｍ＆Ａ業務も行っている。２０１３年のソフトバンクグループによるアメリカのスプリント買収や、２０１５年の日本経済新聞社によるイギリスの「フィナンシャル・タイムズ」の買収も手がけている。このような投資銀行による買収は、ネスレにとって密度の高い情報源である。しかし、最も大事なのはＣＥＯの人的ネットワークであろう。スイスそしてヨーロッパを代表する企業、世界最大の食品企業のＣＥＯとなれば、グローバルレベルでの人的ネットワークを活かすこともでき、Ｍ＆Ａによる戦略案件の入手も、ＣＥＯの固有のテーマとして持ち込まれるだろう。さらには、ネスレの取締役会には、社外取締役としてインベストメントバンカー出身のメンバーも含まれている。

本社のM＆A案件に関与するのは財務部門であるが、被買収企業の財務分析に直接かかわるのみで、最終的には経営戦略の重要案件としてCEOの判断で行われる。案件によっては財務部門が先導する場合もあるが、大型案件となるとCEOが自ら動くのだ。さまざまな形で持ち上がってくるM＆A案件は、将来を見据えた長期戦略のなかで決定され、それを担うCEOも、約10年のスパンで交代している。

(2) 買収後のマネジメントの考え方

M＆Aで問題になるのは買収後（After M&A）だといわれている。買収に先立っては綿密な調査が行われても、その後にさまざまな経営上の問題や企業文化の違いに遭遇し、結果的に失敗に終わり他社へと売却することも多い。ネスレにあっても、世界中でこれほどの企業買収を手がけてきているため、失敗や成長の見込めない案件もかなりある。図表3－2で見たように、2010年代、ポール・ブルケがCEO任期中に売却された案件が多い。しかし、買収後に発展させた事業と売却された事業を比べてみると、その比率は断然に発展させた事業が多いことを見ると、ネスレのM＆Aは成功発展してきたといえる。

それでは、買収後のマネジメントはどのように行われているのであろうか。ネスレのM＆Aは世界中で行われているため、成功要因を単一的に集約化することは難しい。ただ、ネスレのマネジメント手法として唯一貫きとおしていることは、M&A後の分権主義、現場主義に根差した経営体制である。多種多様な事業、世界中で展開する事業を本社で一括管理することなどは不可能に近い。託すのはそれぞれの事業、そして市場に密着した現場のマネジメントである。アメリカの多国籍企業でヘルスケア事業を手がけるジョンソン・エンド・ジョンソン（J&J）は、その特徴について「われわれは中小企業の集合体である」という。[4] J&Jは企業買収も積極的に行い成長してきているが、それほど多様で世界で展開する事業を束ねるものは強烈な企業ミッションである「我が信条」（Our Credo）であるという。ネスレにも「健康、栄養、ウェルネス」事業へのミッションがあり、J&Jよりも買収企業や世界中で展開する事業の幅ははるかに広い。

スイス企業であるネスレの経営に内在するものは、古来スイスの発展史で培われた州の自治権「カントン」の考え方と関連する。スイスの大統領や首相の名前を聞いたことがある人は少ないであろう。なぜなら、もともとスイスは、地域や市町村という小単位に根差した政治や行政の仕組み、つまりカントンがスイスを支える行政単位であるため、決定権限もカントンの方がはるかに強いからだ。スイス人は、それが行政であり政治の仕組みだと思っている。スイスの企業は海外で活躍する企業がほとんどであるが、そこで共通しているのが、カントンに似た小単位のマネジメントであり、それが経営全体へと機能しているといえる。

4　日本経営倫理学会監修、高橋浩夫編著『日米企業のケース・スタディによる企業倫理綱領の制定と実践』産能大学出版部、1998年。

（3）国家の品位としてのスイス企業

１９８０年代終わりから90年代初めにかけて、日本がバブル景気で円高が進んだとき、日本企業の海外企業買収が盛んになった。その勢いに乗って、ニューヨークにあるロックフェラー・センタービルを三菱地所が買収しようとした。そのとき、「アメリカの魂と称されるロックフェラーまでも買うのか」と、アメリカ社会からの厳しい批判が出た。

近年では、中国企業が欧米企業をはじめ各地で企業買収を行っていることに対して国際批判されたり、国によっては買収されることへ拒否反応があり、買収撤回を行っているところもある。M＆Aは個別企業の取引ではあるが、大型案件になると防衛や技術漏洩にかかわるため、国家間の政治問題にもなる。国家間における一企業の買収とはいっても、そこには微妙な経済活動をめぐる政治的なせめぎ合いもある。特に、第二次世界大戦による戦勝国と敗戦国との関係、植民地支配国と被支配国との国家間との関係には、微妙な政治経済取引があることも否定できない。

この点、スイスはどうだろうか。スイスはこれまで西側陣営や東側陣営にも加わらず、植民地支配をしたこともない「永世中立国」であり続けてきた。そのためには、どちらかの一方に偏ることなく、どのような国とも中立的に「共生」し、融和な関係を築いていかなければならない。歴史的に見ると、スイスの企業家には、外国からの移住者や亡命者が多い。彼らはスイスに来て外国語を学び、客人として謙虚にふるまい、目立たないよう適応してきた。このことは、スイス企業が海外企業を統合する際にも役立ってきた。さらに、買収した海外企業の文化を自社の風土に巧みに統合する際にも役立ち、現在もそうである。このこと自体が、スイス企業の重要な競争優位であるといってもよいであろう。[5]

スイスの企業が買い手として好まれるのは、買収した企業にかなりの自律性を認めるためで、そこには前述のスイスの政治風土が「カントン」の考えが反映されている。ターゲットとなった企業がアメリカやドイツ、日本、中国企業の傘下に入るよりは、中立国であるスイスに拠点を置く企業の手に託されることを好むのも想像にたやすい。[6] どこの国の企業の傘下に入るか、その国の「国家の品位」も１つの要因となってくるのではないだろうか。政治権力と一体化した経済活動、汚職にまみれた企業活動、成金を梃にしたビジネス倫理を顧みない国家からの買収には、一企業の範疇を超えて社会の人びとも抵抗するだろう。永世中立国という世界で唯一の国家観が、国家の品位としてのソフトパワーになっていると考えられる。特にネスレの場合は、食品や健康分野の海外買収であり、国家の技術輸出や国防とは直接的には関係しない。いってみればそれは、平和産業の部類ともいえよう。そのような分野において、スイス企業の傘下に入ることは、どこの国よりも企業としての品位を高揚させ「国家の品位」として容認されることになる。

5　R.J. Breiding, *Swiss Made: The Untold Story Behind Switzerland's Success*, Profile Books, 2013.（ジェイムズ・ブライディング著、北川知子訳『スイスの凄い競争力』日経BP社、2014年）

6　R.J. Breiding, *Swiss Made: The Untold Story Behind Switzerland's Success*, Profile Books, 2013.（ジェイムズ・ブライディング著、北川知子訳『スイスの凄い競争力』日経BP社、2014年）

第4章

ネスレのグローバルR&Dネットワーク

1 研究（Research）と開発（Development）の捉え方

企業にとって研究開発（Research and Development：R&D）は成長発展の生命線であり、どの企業も次なる技術や製品の開発にしのぎを削っている。したがって、これは秘密裡に企業内で行うのが基本であろう。製造業のルーツをたどってみると、その企業の核となる技術・製品を開発したことが創業の契機となり、その後の成長発展の原動力になっている。

どのようなグローバル企業も、どこかの国で生まれ、創業の地である母国（Home Country）市場をベースとしながら海外市場へと拡大し、グローバル企業への成長過程をたどる。したがって、その核となる製品・技術は企業の競争力の源泉であり、研究開発は本国で秘密裡に、企業内部で行うことが基本だ。しかし、企業のグローバル化は、販売や生産活動の現地化に伴って、より市場に近い形での企業活動が必要になってくる。

製品1つをとってみても、日本での製品がそのまま海外市場で通用するとは限らない。それぞれの国、地域には、その国の歴史と伝統をもった法律、経済、文化、慣習の違いがあり、それらが社会に適応した企業活動が必要となってくる。そのため、国、地域にあった製品作りのためにも研究開発の現地化が求められてくる。

研究開発といっても、研究と開発は基本的に違い、前者は長期的な視野を据え、企業にとっての基礎的・探索的テーマをもとに探求するのに対して、後者は前者の上に立った中短期的で応用的・実践的なテーマを課題にしている。この2つは、企業活動のより一層の拡大に伴って、自ずとそれぞれの目的が機能分化してくる。そこで、企業における研究を使命とする「基礎研究所」「中央研究所」や、応用実践的なテーマを据えた「開発研究所」が設立され、それぞれが役割を担う。

研究開発は大きくこの2つの領域に分けられるが、企業の海外進出、グローバル化に伴って「開発」機能も国内だけでなく海外に立地したり、さらには「研究」機能も海外に立地する動きが見られるようになる。先進的なグローバル企業は、国際競争力を高めようと国内外の研究開発機能を有機的に結びつけた「研究開発のグローバルネットワーク」を構築してきた。

2 R&D体制のバックグラウンド

ネスレはスイスのヴェヴェーでアンリ・ネスレによって創業され、150年の歴史を経て「食の巨人」といわれるグローバル企業に成長してきた。その飛躍的発展の背景には、他社を買収するM&A戦略を基本に据えてきたことがある。

基本的に、ネスレは消費者に直接的に結びついた食品（Foods）事業を核に発展してきた製造業であるから、新製品や生産設備のための研究開発は必須の要件である。そのために、まずは創業の地であるヴェヴェーに付随した場所に研究開発の拠点を置いた。ここでの研究開発活動は、基礎科学研究や一部の製造技術開発に限られ、集中的に行われてきた。ところが、その後のネスレの研究開発体制を変化させる契機となった出来事が起こる。それは、1947年、スープやブイヨンの生産販売を行っていた、スイスにあるマギー社との合併である。この合併により、マギー社で行われていた研究開発活動と、ネスレで行われていた研究開発活動を統合し、研究開発の効率化を図る必要が出てきた。当初は、すべての研究開発活動をネスレのあるヴェヴェーに集中させてきたが、マギー社の研究開発活動は大きな施設をもっていたため、同社は本来のところに置くことになった。これによりネスレは、研究開発のグローバルネットワークの原型を作る契機になった。このネットワークの経験を踏まえ、その後に続く買収企業の研究開発は、その本拠地で行うことを基本としてきた。これは、買収後の研究活動のあり方、つまり“After M&A”を巧みにやり遂げるネスレのM&A戦略の成功要因の1つとなっている。

その後1969年、ネスレはヴェヴェーの本社機構のなかに技術開発部を創設した。研究開発が企業の競争力の大きな要因であるとし、力を入れ始めたのである。そして1972年、技術開発部は、ネスレ本社内にある研究開発全般をサポートする会社組織「ネステック」を作った。いわゆる、研究開発の別会社化（Spin Out）である。同社はネスレの全額出資子会社である。当初は数百人のスタッフを抱えてきたが、今では研究開発だけでなく、全世界で活動するネスレの子会社に、R＆Dだけでなく企業活動のすべての側面（マーケティング、生産、エンジニアリング、社員研修など）をサポートする機能を担っている。研究開発分野は、ネスレすべての食品生産センターに技

図表4-1　ローザンヌにあるNRC（Nestlé Research Center）

出所：スイス・ヴェヴェーのネスレ本社提供。

術的支援をし、グループ全体のための技術ノウハウを開発する責任を負っている。

年代を追うごとにネスレのM&Aが増えたため、ネステックは新たに買収した企業に付随した研究開発施設を育成することにも積極的役割を果たしてきた。同時に、海外市場の拡大に伴って、研究開発機能の現地化の必要性に迫られることになった。そこでネスレは、現地市場に対応した「開発」機能の充実のため、技術開発センター（Technology Development Center）を創設する。それとあわせて、買収企業に付随した開発機能も併合し、研究開発のグローバルネットワークを強化している。このセンターの名称の大半には、最後に「レコ」（Research Company）がついていることで知られている。センターは1975年頃から増え始め、1985年前後にはネスレ全体で16、さらにその後は10ヵ国で21

の施設が運営されるようになる。そのうちの7つのセンターは、ネスレによって直接設立されたものであるが、大半は買収によって取得されたものである。

このような開発機能のグローバルネットワーク体制の構築に伴い、ネスレの長期的発展を見据えた基礎科学研究や探索的研究の必要性が高まった。そこでネスレは、1987年、ヴェヴェーの隣町ローザンヌ（Lausanne）に、ネスレリサーチセンター（Nestlé Research Center：NRC）を設立する（図表4－1）。

3 ネステックの役割

ネスレの研究開発は、基本的には食を中心とした多様な事業に沿って行われ、拠点も世界各国に分散している（図表4－2、4－3）。重要なのは、これらにまたがる研究開発の重複を避けるため、ネステックが研究調整の役割を果たしていることである。

ネステックは図表2－5のとおり、ネスレ本社のR&D部門の最高責任者であり、ネスレグループのR&D戦略と直接的関係がある。また、ネステックの研究開発部門の責任者は、ネスレグループの総括経営管理機関（経営委員会に相当するもの）のメンバーでもある。

ネステックの後に設立されたNRCの責任者も、そして全世界に広がる研究開発センターの責任者も、ネステックの傘下に置かれている。また、全世界の事業拠点から寄せられる技術的要請もネ

図表4-2　ネスレのR&D拠点

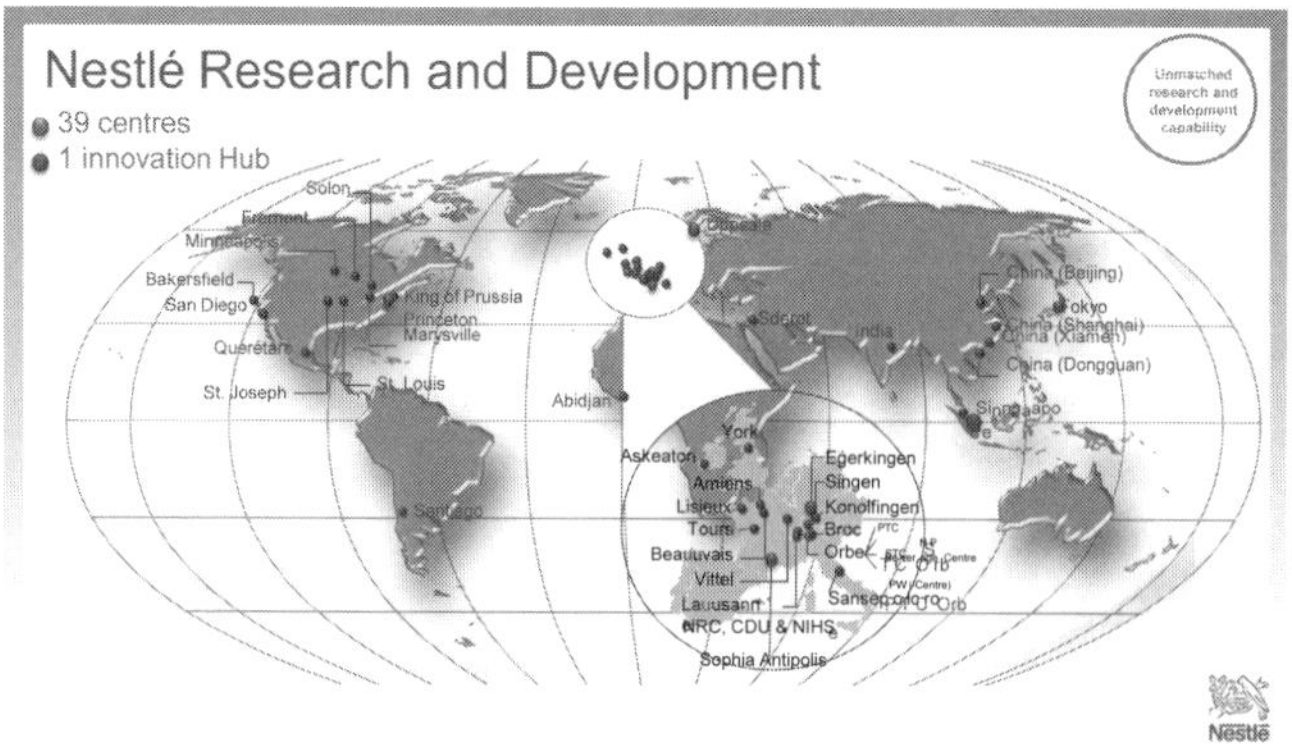

出所：スイス・ヴェヴェーのネスレ本社提供。

ステックをとおして行われ、しかるべき研究開発センターに振り分けられる。ネステックは、研究開発の重複が生じないよう管理したり、新しいプロジェクトを最もふさわしいセンターに割り当てる任務も担っている。

ネステックのスタッフは、研究開発活動そのものを担っているわけではないが、ネスレ全体のR＆D戦略をまとめる役割を担うことから、幅広い知見と能力が要求される。ネステックのスタッフの資質要件には、対人間関係の手腕、ネスレ内での相当な経験、年齢（成熟）、あらゆる地への出張をいとわないこと、ネスレが積極的に取り組んでいる分野に傾注できる柔軟な能力が求められている。ただ、ネステックの研究開発部門は少数で運営されているため、極度の専門性よりも幅広い知見が要求されている。ネステックのスタッフは世界の研究開発センターと絶えず連絡をとり合い、少なくとも年に2回のセンター訪問と、年1回ま

図表4-3　ネスレの全世界のR&D拠点

• Technical Assistance	TA
• Development centres	D
• Research centres	R
• Research & Development centres	R&D
• Product Technology centres	PTC

Switzerland		
Clinical Development Unit	Lausanne	R
Galderma R&D Centre	Egerkingen	R&D
Nestec Ltd	Vevey	TA
Nestlé Development Centre	Broc	D
Nestlé Institute of Health Sciences S.A.	Ecublens	R
Nestlé Product Technology Centre Beverage	Orbe	PTC
Nestlé Product Technology Centre Dairy	Konolfingen	PTC
Nestlé Product Technology Centre Nestlé Nutrition	Konolfingen	PTC
Nestlé Product Technology Centre Nestlé Professional	Orbe	PTC
Nestlé Research Centre	Lausanne	R
Nestlé System Technology Centre	Orbe	R and PTC
CPW R&D Centre	Orbe	R&D
Australia		
CPW R&D Centre	Rutherglen	R&D
Chile		
Nestlé Development Centre	Santiago de Chile	D

Côte d'Ivoire		
Nestlé R&D Centre	Abidjan	R&D
France		
Galderma R&D Centre	Biot	R&D
Nestlé Development Centre Dairy	Lisieux	D
Nestlé Product Technology Centre Water	Vittel	PTC
Nestlé R&D Centre	Aubigny	R&D
France (continued)		
Nestlé R&D Centre	Tours	R&D
Froneri Development Center Glaces S.A.S.	Beauvais	PTC
Germany		
Nestlé Product Technology Centre Food	Singen	PTC
Greater China Region		
Nestlé R&D Centre	Beijing	R&D
Nestlé R&D Centre	Shanghai	R&D
India		
Nestlé Development Centre	Gurgaon	D
Italy		
Nestlé R&D Centre	Sansepolcro	R&D
Mexico		
Nestlé R&D Centre	Queretaro	R&D
Republic of Ireland		
Nestlé Development Centre	Askeaton	D

Singapore		
Nestlé Development Centre	Singapore	D
Sweden		
Galderma R&D Centre	Uppsala	R&D
United Kingdom		
Nestlé Product Technology Centre Confectionery	York	PTC
United States		
Galderma R&D Centre	Fort Worth (Texas)	R&D
Nestlé Development Centre	Fremont (Michigan)	D
Nestlé Development Centre	Marysville (Ohio)	D
Nestlé Development Centre	Solon (Ohio)	D
Nestlé Product Technology Centre Health Science	Bridgewater (New Jersey)	PTC
Nestlé Product Technology Centre Ice Cream	Bakersfield (California)	PTC
Nestlé Product Technology Centre PetCare	St. Louis (Missouri)	PTC
Nestlé R&D Centre	San Diego (California)	R&D
Nestlé R&D Centre	St. Joseph (Missouri)	R&D

出所：Nestlé, Corporate Governance Report 2017, 2018.

たは2回、センターの責任者およびプロジェクトリーダーとセミナーを行う。

ネスレは、事業拠点が全世界に及んでいるため、人的資源は多様な人材で構成されている。同様に、全世界にまたがる研究開発拠点の研究人材も多様である。ネステックの人材、研究開発センターのトップ人材は、国籍についての特別な規定はもっていない。また、これらのポジションに現地の人材を配置するという意図的なことはなく、本社のあるスイス国籍の人材を配置するという意図的なこともない。ただ、これらのポジションに人材を配置する際には、適性と対人関係の手腕、専門技能のほかに2つの重要な基準がある。それは語学能力と、少なくとも2－3ヵ国において勤務経験があることである。責任者として、異なる文化への理解と、現地の研究者とうまく付き合っていくことが必要だからだ。

4 グローバルR&D体制の全容と仕組み

ネスレは2017年時点で、世界85ヵ国に413工場をもち、販売は189ヵ国で行われている。世界中の隅々で、ネスレの商品が売られている。これに対して、研究開発拠点数は34ヵ所、このうち研究に当たるサイエンス&リサーチセンターは3ヵ所、開発に当たるプロダクトテクノロジーセンター（Product Technology Center）とR&Dセンターは31ヵ所である。

研究を使命とする基礎研究所であるネスレリサーチセンター（NRC）は、前述のとおり、本社の隣町ローザンヌにある。ここは現在、300人以上の科学者をはじめ48の国籍に及ぶ700人の常駐スタッフが配属され、栄養関係の研究を行う私的機関としては世界最大のものだといわれている。NRCは大きく分けて、3つの分野の研究所で構成されている。

- Health Science
- Material Science
- Food and Safety & Analytical Sciences

NRCは、ネスレの世界中の研究開発組織の中心拠点であり、世界と各国の地域性をつなぐ役割を担っている。また、毎年200以上の外部との科学的提携や大学との協力案件にかかわり、変化する消費者のニーズに応えるための知識基盤を築き続けている。

開発機能に当たる製品技術センター（Product Technology Centre：PTC）は、基礎研究から得た知見を実際に製品化するための研究開発拠点である。PTCは製品カテゴリー（コーヒーカテゴリー、チョコレートカテゴリー、調味料カテゴリー）ごとに存在しており、何かを商品化する際に必要となる新しい技術を研究している。たとえば、インスタントコーヒーに用いるカプセルの最適な形はどのようなものか、などである。

そしてR&Dセンターは、世界27ヵ所に存在し、PTCのもとでカテゴリー内の異なるフォーマット専門の研究開発を行っている。たとえば、インスタントコーヒーカテゴリーについてのPTCが

図表4-4　ネスレの研究開発領域の対象図

出所：筆者作成。

あり、そのもとにネスカフェ研究に特化したR&Dセンターが置かれる、といった仕組みである。つまり、ここはNRCとは異なり、特定のネスレ製品の基礎研究を行っている。

応用開発グループでは、各国の法律や文化、趣向に合わせて修正を加えたり、実際に各国の工場での製造を実現するための工場ラインを思考したりする。この機関は世界に280ヵ所ある。NRC、PTC、R&Dセンターはスイスが主導であるのに対し、応用開発グループでは各国がある程度の権限をもつ仕組みになっている（図表4－4）。

ネスレ日本のなかには、PTC機能は置かれていない。置かれているのは、姫路工場と霞ヶ浦工場内にある応用開発グループである。ここでは、日本の嗜好、風土に合うように製品へ修正を加えることを、ネスレの基本方針として認めている。つまり、味や嗜好は元来その地域、国に根づいたローカルなものであるため、ブランドの基本的のところを変えなければ、販売国に合ったものへ修正を加えてよいのだ。たとえば、これまで何度か前述した日本限定の抹茶味のキットカットがそうであり、イチゴ味も販売されて人気を集めている。また、インスタントコーヒーの「詰め替え用パック」は、エコ意識の強い日本独特のもので、日本の販売店からの提案により、ネスレ日本からしかるべきＰＴＣに報告され誕生した。

ＰＴＣはＲ＆Ｄセンターと密接にかかわり合いながら研究を進め、その研究成果を日本の工場内にある応用開発グループで行い、日本の嗜好、工場ラインに適するように修正が加えられ、発売されることになる。ネスレのＲ＆Ｄネットワークは、基本的に各国の権限、嗜好に合わせた商品作りで行われていることがわかる。

5 オープンイノベーションとは何か

近年、オープンイノベーションの考え方が、グローバルＲ＆Ｄネットワークの課題になっている。これは、自社による研究開発だけでなく、外部とネットワークを組むことによって最適な技術を生み出すことを考えることである。具体的には、世界各地で新しい技術の発明、発見を有する研究機関あるいはベンチャー企業と開かれた（オープン）関係のなかでイノベーションを考えようとするものである。ネスレでは約５０００人が研究開発に従事しているが、それでも同社の現在の研究開発体制ではまかないきれない部分がある。その場合には、自社の垣根を越えて他社との連携を図っている。

ネスレでは２００６年に"Innovation Partnership Approach"を開始し、大学や研究機関、ベンチャー企業やグローバルに広がるサプライヤー企業まで連携を拡大した。たとえば、２００９年６月に、日本の東京大学内に「ネスレリサーチ東京」を設立し、高齢化やメタボリックシンドロームなどの健康や栄養に関するさまざまなテーマに取り組んでいる。その後２０１６年４月、ネスレリサーチ東京は、シンガポールに設立された新しい研究所と統合された。

オープンイノベーションの考え方に沿ったリサーチパートナーとしてはスイスが最も多いが、ほかにもオランダ、ドイツ、アメリカ、アイルランド、カナダ、フランス、ニュージーランド、イギリス、イタリア、ベルギー、フィリピン、オーストリア、中国、韓国、エストニア、チェコなどにある主に大学と組んでいる。[1]

ネスレのオープンネットワーク経営の考え方は、単なる研究開発領域だけでなく、幅広い分野で行われている。たとえば、ネスレ日本では、アスクルの物流網を活用したコーヒーカプセルの翌日配達や、日立によるネスレ従業員の行動を可視化するデータ分析、ソフトバンクによる感性認識ロボットによる接客時の会話履歴記録、ＳＯＮＹによるコーヒーマシンとスマートフォンをつなぐコミュニケーションの構築などが行われ、自社だけでは開発できない他社との共同によるオープンイノベーションの考え方がある。

1　詳しくはNestlé, List of Public-Private Science & Research Partnership, April 2018を参照。

6 アジアの研究開発拠点――シンガポール

アジアでの研究開発拠点はシンガポールに初めて設けられ、ネスレの基礎研究を担うNRCのアジア研究所として位置づけられている。シンガポールには、1980年に設立されたアジア開発センターがあり、ここは現在19ヵ国から135名の科学者、エンジニアリング、パッケージと栄養の専門家を有し、製品と工程開発を支援している。開発センターは、シンガポール科学技術研究庁(Agency for Science, Technology and Research：A＊STAR)との戦略的パートナーシップに基づいて、シンガポールの生物医学研究の拠点であるバイオポリス内に設けられた。この背景には、ネスレの長期的視野をにらんだ健康、ウェルネス事業のさらなる拡大戦略がある。

世界は、平均寿命の延びと出生率の低下により、経済的、社会的、医療的に、急激な高齢化を招いている。特に、アジアの高齢者人口は2050年までに12億人に達すると見込まれており、これは世界の高齢社人口の60%に相当する。ネスレはこの状況を見据えて、シンガポールの生物医学的研究能力の高さや、多様な民族構成を活かして、開発センターを設立した。シンガポールは、アジアで唯一の公用語が英語の国である。世界の研究開発機関や大学の誘致、金融センター、地域本社、物流センターの誘致にも力を入れている。ネスレにとってのアジアの知の拠点(ナレッジクラスター：Knowledge Cluster)は、日本ではなくシンガポールなのである。

第5章

ネスレのビジネス倫理とCSR

1 今なぜビジネス倫理なのか

今や「食の巨人」といわれるようになったネスレであるが、その１５０年の歴史のなかで順風満帆に成長発展してきたわけではない。企業は、グローバル化しブランド力が強くなればなるほど、その社会的責任が問われる。企業の社会的責任は、今日でいうＣＳＲ（Corporate Social Responsibility）の形で問われ、その責任が重くのしかかっている。ブランド力がある企業ほど、一度不祥事を起こすと社会的批判が厳しく、その事件である「点」が「面」になって世界中に広がる。情報通信の発達は便利な一方で、企業不祥事の情報も瞬時に世界中に伝わっていく。

特に食品を取り扱う会社は、われわれ消費者に直接的に結びついている製品だけに、それを欺いた行為への社会的批判は厳しい。物は取り換えられるが、ブランドについた負のイメージは脳裏に強く残り、すぐに拭い去ることはできない。信頼を回復するには相当の代償と時間がかかり、それに耐えられない企業は市場から追い払われ、倒産の危機に瀕することにもなりかねない。近年、日本企業に次々と起こる不祥事を見ても、それに対する社会的批判がいかに厳しいかがわかるだろう。企業不祥事としては、増収賄、粉飾決算、総会屋対策、利益供与、インサイダー取引、脱税、損失補塡、車のリコール、製造物責任などが代表的な行為である。しかし、これらはすべて法律で禁止されている。法律には強制力があり、それに従わなければ制裁を受けることになる。

一方、倫理はわれわれ人間の１人ひとりの心に潜む領域である。法律は犯していないが、１人ひとりの倫理感によって、ビジネス行為は変わってくる。企業と人間、企業と社会との関係を考えたとき、「これは社会に悪い影響を及ぼすだろう」と考える人は、そのビジネス行為は止めるだろう。一方で、同じ事柄であっても「これは法律を犯さないからビジネスとして行うことは問題ない」と考える人もいるかもしれない。しっかりした倫理感をもっている人は前者を考えるであろうし、ビジネス成果優先する人は後者を考えることもあり得る。何が正悪なのかは、その置かれた社会環境によっても違うし、正悪の判断も時代の流れとともに進化する。過去には社会的に問題とならなかったことでも、時代の進展によって今は事件として問題になることもある。

また、ビジネス倫理は、法律を犯した意図的な行為には当然、社会的制裁があり、その倫理性も問われる。ところが、意図的に行わないまでも、ビジネス活動の流れのなかで企業の倫理性が問われることもある。たとえば、工場煤煙や水質汚染などの公害問題は、ビジネス活動を優先するあまり、結果として企業の責任が問われることになる。経済成長のためによかれと思って行うビジネス行為が、人間の健康を損なう結果となり、その社会的批判に晒されることがある。

2 ネスレ批判から見るビジネス倫理

(1) 乳幼児ミルク事件――ネスレ・ボイコット

ネスレのルーツである「乳幼児を救いたい」「社会のために役立ちたい」という行為が、その発展過程のなかで「ネスレ・ボイコット」の形で社会的批判に晒されたことがある。

1960年代、ネスレを含む多くの乳幼児食品会社は、アフリカ、東南アジアなどの未開発国や発展途上国に進出した。そして、粉ミルクを中心として産院や病院に職員を派遣し、出産祝いに粉ミルクのセットを贈るなど、人工乳による育児の成長を支援してきた。これは、ネスレ創業時からの「乳幼児を救いたい」という思いと、将来の成長市場を取り込んだ海外戦略の行為である。ところが、その思いは結果的に社会問題となり、小児科医師や栄養士を中心に告発が相次ぐ形となった。その理由は、次のとおりである。

- 人工ミルクの使用により、本来母乳が充分に出る母親の母乳分泌が不活発になる（本来は、乳児が乳首を吸う刺激により母乳が作られたため）。
- 人工ミルクを購入し続けることができない経済力の乏しい家庭において母乳不足が生じ、ミルクを過度に薄めて与えるという状況が発生し、乳児に深刻な栄養欠乏が起こる。

•衛生状態が悪い環境、不潔な水によって作られた人工ミルクにより、乳児の病気が多発する。

この兆候に対する告発や抗議行動は、１９４０年代初めから起こり、１９７０年代半ばに国際問題化した。このような動きのなかで１９７７年、女性を中心に、当時の乳児用粉ミルクの最大手だったネスレを相手に不買運動が起こり、「ネスレ・ボイコット」が世界的規模で始まった。そして１９７９年、これを目の当たりにした世界保健機関と国際連合児童基金によって国際会議が行われ、１９８１年には「母乳代用品の販売流通に関する国際基準」（「ＷＨＯコード」）が賛成多数で解決された。１９８４年に、ネスレは全面的にＷＨＯコードを受け入れることを表明し、この問題は収束した。この長年にわたる不買運動は、ネスレのブランドに傷をつけ、その信頼回復への代償ははかり知れないものになった。

(2) カカオ豆調達過程の問題——児童労働

ネスレはチョコレートメーカーでもあるため、その原料であるカカオ豆を大量に使用する。カカオの生産地といえば、コートジボワールとガーナである。カカオ豆の収穫は子どもであってもできるため、半ば奴隷の形で働かせる児童労働が問題になった。これには、カカオ豆を大量に調達するチョコレートメーカー最大手であるネスレも、責任を免れることはできない。今でいう「サプライチェーン・マネジメント」である。原料であるカカオ豆をどこでどのように調達し、どのような過程を経て消費者に届けているかが問われる。

ブランド力のある企業ほど、その原料がどこでどのような形で調達されたか、ビジネス倫理の視点から問われるのである。児童労働の問題は、その撲滅のための国連決議が行われ、厳しい監視が行われている。このため、ネスレは「児童労働モニタリングと改善要請システム」（Child Labor Monitoring and Remediation System：ＣＬＭＲＳ）という、ネスレのカカオ豆のサプライチェーンが置かれている児童労働を特定し、根本原因の把握と適切な立案をする仕組みを作ってきた。２０１５年にＣＬＭＲＳは、40のカカオ農業組協同組合（ネスレに供給している組合の50％）をカバーするまでに至っている。

(3) 水ビジネス、フェアトレード

また、ネスレは１９８０年代以降、水ビジネスに力を入れ、世界の水の会社を次々と買収している。これについては、水ビジネスが21世紀を見据えた最高の経営戦略と崇められる反面、世界が水不足に直面しているなかで暴利を貪っているとの社会的批判があることも忘れてはならない。このほかにも、途上国が貧困問題に瀕しているにもかかわらずコーヒー豆を買い叩くフェアトレードの問題や、世界で起こる労働争議に対するネスレの対応をめぐる問題もある。世界に４１３工場と１８９ヵ国に販売網をもつ規模であるため、本社の目の届かないところでさまざまなビジネス倫理にかかわる問題が起こっている。世界各国で多かれ少なかれさまざまな形のビジネス倫理に関わる

問題が起こるためにネスレは経営原則を制定し、遵守するための仕組みを設けている。これが、次に述べるネスレの企業行動基準である。

3 コード・オブ・コンダクトの遵守

コード・オブ・コンダクト（Code of Conduct）は、日本では「企業行動基準」「倫理綱領」といった名で呼ばれているが、ネスレ日本では「ネスレ考働規範」（Code of Business Conduct）と呼ばれている。「行動」ではなく「考働」規範としたのには、「考えながら働く」ネスレ日本の特別の思いが隠されている。これは、ビジネス倫理を遵守するための諸項目（Code）を全従業員に明確化したものである。わが国では１９９０年代以降に相次ぐ不祥事の発覚を受けて、日本経済団体連合会が主導する形で「企業行動基準」の制定とその遵守を要請した。その結果、今は主要な日本企業のほとんどで制定されている。

コード・オブ・コンダクトの制定は、アメリカ企業の間ではすでに１９７０年代頃から始まり、１９８０年代にはほとんどのアメリカ企業で制定されている。[1] これに対してヨーロッパ企業の多くは、アメリカ企業のように綱領を制定するという制度的仕組みはなく、近年まで多くのヨーロッパ企業は制定してこなかった。

ネスレの場合、１５０年の年月のなかで、創業者アンリ・ネスレの思いを経営方針の形で徹底

1　日本経営倫理学会監修、高橋浩夫編著『日米企業のケース・スタディによる企業倫理綱領の制定と実践』産能大学出版部、1998年。

してきた部分はあるが、これを行動指針の形で制度化したものはなかった。しかし、アメリカ地域(Zone AOA)での事業活動が高まるなかで、それらの活動を集大成し、これからのネスレの取り組むべき方向性や従業員の具体的行動指針を明確化する必要性が出てきた。

そこで、1998年に"The Nestlé Business Principles"(「ネスレの経営に関する諸原則」)、2007年に"Code of Business Conduct"(「ネスレ考働規範」)を制定し、各国語に翻訳して、その遵守が行われている。

「ネスレ考働規範」は、次のような項目を制定している。

第一条　法律、規則、規約の遵守
第二条　利害関係の対立
第三条　社外における要職への就任とその他の社外活動
第四条　親族と近親者
第五条　ビジネスチャンス
第六条　インサイダー取引
第七条　独占禁止と公正な取引
第八条　機密情報
第九条　詐欺、会社の資産保護、経理処理
第十条　賄賂と汚職

第十一条　贈答品、食事、接待
第十二条　差別とハラスメント
第十三条　遵守と不履行
第十四条　不法行為と遵守不履行の通報
附　則　賄賂と汚職に対するネスレのコミットメントについての手引き

これらの綱領は、日本企業の「企業行動基準」とそう違いはないが、第十二条の差別とハラスメントの部分で、社員は出身、国籍、宗教、人種、性別，年齢、性的指向に基づく差別をしてはいけないと定めている。これはさすがグローバル企業といえ、経営層である取締役会や執行役会にも反映されている。

汚職や贈答に関しては、附則まで設けて遵守を促している。賄賂や汚職は長期にわたる貧困をもたらすとして、「国連グローバル・コンパクト」に参加しながら、国際的な戦いに深くかかわっていくとしている。賄賂とは、何らかの便宜を引き出すために、贈答品、融資、謝礼、報酬その他の便宜を供与したり、逆にこれらの供与を受けたりすることであり、これらはすべて禁じられている。これとも関係して、贈答については、顧客、卸店、仕入れ先、サービスプロバイダー、公務員、医者その他の第三者に提供される贈答は、合理的かつ適度（額、規模）なものでならないとしている。

4 The Nestlé Corporate Business Principles ——ネスレの経営に関する諸原則

M&Aによって成長発展してきたネスレであるが、その生産活動のための原料資源の確保は、長期的展望のなかで行わなければならない。

特にコーヒーの原料であるコーヒー豆、チョコレートの原料であるカカオ豆などが代表的なものであり、長期的視点から原料の調達が必要である。これらは自然環境に適応して育つものであるが、地球環境の変化によって栽培が不可能になった場合はどうなるだろうか。あらゆる活動が、競争による市場経済化の影響を受けて、原料確保や資源開発、未開地域への参入、工業化に伴う環境汚染、水質汚染といった地球環境問題を引き起こしている。これらの問題に対処するためには、企業自身の取り組みはもとより、世界的規模での取り組みが必要である。これは、ネスレの経営の長期的展望から考えても他人事ではない。自らが率先して取り組まなければならないし、国連などの世界的機関との連携で取り組むことが重要である。

ネスレがこの先200年、300年と持続的に成長発展しくためには、今どのような取り組みが必要かを考えなければならない。今、国連が取り組み、全世界に呼びかけている「サステナビリティ」(Sustainability)の課題である。サステナビリティとは、広く環境、社会、経済の3つの観点から社会を持続可能にしていくことを意味する。そのなかでも特に、企業が事業活動を通じて環境、社会、経済に与える影響を考慮し、長期的な戦略目標を立てることが重要な課題である。これは国連が２０００年に「経済的、環境的、社会的パフォーマンスに関する持続可能性のガイドライン」(Sustainability Reporting Guidelines on Economic, Environmental and Social Performance）を制定したことが契機となっている。その内訳は、次のとおりである。

①　経済的パフォーマンス指標：
　直接的な影響（顧客、納入業者、従業員、投資家、公共部門・間接的な影響）

②　環境パフォーマンス指標：
　原材料、エネルギー、水、生物多様性、放出物、排出物及び廃棄物、供給業者、製品とサービス、法と順守、輸送、その他一般

③　社会的パフォーマンス指標：
　＊労働慣行と公正な労働条件（雇用、労働、労使関係、安全衛生、教育研修、多様性と機会）
　＊人権（方針とマネジメント、差別対策、組合結成と団体交渉の自由、児童労働、強制、義務労働、懲罰慣行、保全慣行、先住民の権利）
　＊社会（地域社会、贈収賄と汚職、政治献金、競争と価格決定、顧客の安全性、製品とサービス、広告、プライバシーの尊重）

それでは、ネスレはこれをどう受け止めているだろうか。国連グローバル・コンパクトや、サステナビリティのガイドラインを積極的に受け入れながら、次への成長の基本を「共有価値の創造」(Creating Social Value：CSV）に置いている。国連グローバル・コンパクトの10原則は、次のとおりである。

人権

原則１：人権の擁護の支持と尊重
原則２：人権侵害への非加担

労働

原則３：結社の自由と団体交渉権の承認
原則４：強制労働の排除
原則５：児童労働の実効的な廃止
原則６：雇用と職業の差別撤廃

環境

原則７：環境問題の予防的アプローチ
原則８：環境に対する責任のイニシアティブ
原則９：環境にやさしい技術の開発と普及

腐敗防止

原則10：強要や贈収賄を含むあらゆる形態の腐敗防止の取組み

※2015年7月時点で、世界約160ヵ国で1万3000社を超える団体（うち企業が約8300社）が署名している。日本は240社が署名。

ネスレが社会の要請に応えて業績を長期にわたって継続していくためには、社会に価値あるものを生み出していかなければならない。これこそがCSVだとネスレは捉えている。ネスレにとっての主なCSVは、栄養、水資源開発、農業、地域開発である。これを行うための「ネスレの経営に関する諸原則」を全社員が共有し、CSVに向けた事業に取り組むことを目指している。「ネスレの経営に関する諸原則」は、次の10項目からなっている。

消費者

①栄養、健康、ウェルネス
②品質保証と製品の安全性
③消費者とのコミュニケーション

人権と労働慣行

④ネスレの事業活動における人権

ネスレの人材

⑤リーダーシップと責任ある行動

⑥職場の安全衛生

サプライヤーと顧客

⑦サプライヤーおよび顧客との関係

⑧農業と地域開発

環境への取り組み

⑨持続可能な環境への取り組み

⑩水資源

5 CSRからCSVへ

CSVは、戦略論で著名なハーバード・ビジネス・スクールのマイケル・ポーター（Michel Porter）教授が、2011年の『ハーバード・ビジネス・レビュー』誌に掲載した論文"Creating Shared Value"（邦訳「共通価値の創造」）で提起したことに始まる。[2] ポーターは、当時ネスレのボードメンバーの1人として社会的課題を解決することによって社会価値と経済価値の両方を創造する次世代の経営モデルを提起した。CSVはCSRを深化させた「戦略的CSR」を基本に置いていると考えてよい。それでは、CSRとCSVはどこがどのように違うのであろうか。

---

2 M.E. Porter and M.R. Kramer, Creating Shared Value: Redefining Capitalism and the Role of the Corporation in Society, *Harvard Business Review*, January and February 2011.（「共通価値の戦略」『DIAMONDハーバード・ビジネス・レビュー』ダイヤモンド社、2011年6月号）

(1)ＣＳＲとは何か

ＣＳＲ（Corporate Social Responsibility）は、日本語で「企業の社会的責任」を意味する。今、ＣＳＲは多くの日本企業が取り組んでいる課題であり、各社は社会貢献への取り組みを示すため、立派なＣＳＲレポートを毎年発行している。わが国のＣＳＲ元年は２００３年、経済同友会が「企業白書」で取り上げたことが契機である。

世界的に見たＣＳＲの芽生えは、２０００年初頭、ヨーロッパで市場経済発展の警鐘として問題視されたことに始まる。市場経済発展とは、１９８９年の「ベルリンの壁」の崩壊による東西ドイツの統合、東ヨーロッパの社会主義体制の崩壊、それに続くソビエト連邦の崩壊、中国の社会主義市場経済から市場経済体制への移行である。つまり、経済活動の自由化によって競争を促進させ、企業家にインセンティブを与えることによって、イノベーションを起こそうというのである。

市場経済化への移行によって経済活動が活発になった反面、他方ではさまざまな社会問題を引き起こすことになった。たとえば、市場経済化の波に乗って成功者となった富者と、それに乗り遅れた貧者の格差や、それに伴う貧困や教育問題、経済競争による資源の乱開発、工業化によるＣＯ$_2$の排出に伴う地球温暖化などの社会問題が課題となっている。このまま市場経済による競争原理を放っておいてもよいのだろうか。

市場経済によるグローバル化の動きに対して、その危機意識として立ち上がったのが、ＮＧＯ

（Non Govermmental Organization：非政府組織）による反グローバル化の動きである。このよう流れのなかで企業が社会に対し取り組むべき課題は何か、企業の本来的ミッションとは何か、企業の社会的責任であるＣＳＲが問われるようになったと考えてよいだろう。今、課題となっているＣＳＲは、このような世界的潮流のなかでわが国にも影響を与えた。わが国企業のＣＳＲ問題は、今から半世紀ほど前の高度経済成長期における工場排煙による公害問題、水質汚染、CO_2の排出などがあった。このときはあまりにも激しい経済活動の負の側面として企業のあり方が問われ、是正されることになった。今では工場の立地条件が徹底され、煤煙、水質汚染が厳しく問われることはほとんどなくなった。

現在のＣＳＲ問題は、１９７０年前後にわが国で問われたものとは異なり、世界の市場経済化のなかにあって企業の果たすべき役割とは何か、社会のなかの企業とは何か、企業の本来的使命を再検討してみようという課題である。企業経営の実態は、それぞれが事業活動を行っていることにある。したがって、今その事業１つひとつをＣＳＲの視点から洗い直してみることが必要である。ＣＳＲを企業活動の一部として捉えるのではなく、それぞれの事業の使命、そして本業として社会に果たすべき責任とは何かを捉えることが求められている。

(2) ＣＳＶとは何か——ネスレ実践の具体的事例のなかから

マイケル・ポーターは前述の論文のなかで、「戦略的ＣＳＲ」という言葉を使い、社会的価値と経済的価値の両方を創造する次世代の経営モデルを提唱した。これはCSRを事業そのもののなかで戦略化しようと考えたものである。CSVを事業の柱に据え、経営戦略の中心軸に置いている。この考えは新しい企業価値の創造として反響を呼んだが、われわれが捉えるCSRの本質と変わりはない。

ただ、ここで考えなければならないことは、わが国でCSRが問題になった1970年前後と今日の社会状況が違うことである。この背景には、新興国の台頭がある。先進地域にはそれなりのCSVはあるが、これからの発展を担うBRICs（Brazil, Russia, India, Chinaの頭文字、ブラジル、ロシア、インド、中国の新興国を指す）をはじめとする新興国の発展には、CSVにかかわる発展要因が隠されている。このために企業は何ができるか、何を目標に事業活動を行えばよいのか、ネスレは今、こういったCSVを経営戦略の基本に据えている。特に、ネスレは食にかかわる事業を行うだけに、これを中心軸にすることは大きな戦略目標になる。ここで、CSVにかかわる2つの事例を紹介する。

①フィリピンでのコーヒー豆の栽培

ネスレは、マイケル・ポーターが『ハーバード・ビジネス・レビュー』誌にCSVの概念を発表する5年前の2006年に、すでにCSVに取り組み始めていた。世界中でビジネスを行うネスレにとって、安定的な原料調達は事業を継承するうえで一番重要な課題である。しかし、人口が増え続ける今、安定調達に陰りが見え始めてきた。たとえば、コーヒー豆の産地であるフィリピンでは、

1996年にコーヒー豆の需要が逆転し、現在では不足分を輸入で補っている。主な輸入先はコーヒー豆の生産国であるインドネシア、ベトナムである。しかし、いつまでも輸入に頼れるわけではない。人口増加によって世界中がインドネシアやベトナムにコーヒーを求めれば、いずれ需要が緊迫するのは目に見えている。世界中でコーヒー豆の需要が緊迫することは、ネスレにとって「ネスカフェ」の成長の限界を意味する。

その解決策として考えられるのが、農業支援による絶対的な生産量を増加させることだ。ネスレフィリピンでは、当面の利益よりも長期的視点に立って現地政府と協力し、2010年からおよそ1万7000件の農家の支援を開始した。2010年に25%だったコーヒー豆の自給率を、2020年には少なくとも75%まで引き上げる計画である。この計画は長期的に見て、ネスレにとっても副次的なメリットがある。農家の生産量を増やすことで彼らの収入を担保し、中間層を育てることで、彼らがネスレの製品を購入する消費者にもなるのである。CSVは、ネスレにとって長期戦略に則った欠かすことのできない投資なのである。いってみれば、フィリピンの農家への支援による、社会問題の解決と経済的価値の創造という同時並行の経営がCSV戦略の狙いである。[3]

②インドにおけるミルク事業

1963年、ネスレはインド市場への進出を計画し、インド政府から北部のパンジャブ州モガ

3「特集 凄いネスレ：食を牛耳る 食の帝国」『週刊ダイヤモンド』第104巻第38号、2016年10月、26-65頁を参照。

に乳製品工場を建設する許可を得た。ところが、同州は貧困を極めていた。一般家庭には電気もなく、交通機関も医療サービスもなかった。土地はやせて灌漑用水もなく、牛を飼っても、自分たちの分のミルクをとるだけで精一杯だった。ネスレはもともとスイスの山間でミルク事業を行い、多数の小規模生産者から直接調達する方式をとっていた。そこで、モガでも同じようなバリューチェーンを構築するため、ネスレ自らが、企業と地域が共有できる価値が創造される事業環境へと変える取り組みをしていった。

ネスレは冷蔵設備を備えたミルク集配所を各村々に置き、トラックを配備して原乳を集めた。現地農民にはミルクの生産性向上に必要なさまざまな研修が行われた。灌漑が改善されると、水牛だけでなく農作物の収穫物も増え、小麦や米の余剰分が出始め、生活水準も向上していった。ネスレがモガに工場を開設したとき、ミルクを供給する農家はわずか１８０人だったが、今では同地域の７万５０００人からミルクを買い、６５０の村の集配所から１日２回、原乳を集めている。子牛の死亡率は４分の１まで下がり、ミルクの生産量は50倍になった。品質も向上し、ネスレの買い取り価格も通常価格より高くなった。さらに、農民たちには定期収入が入っている。他社の集配所やミルク工場もモガへ進出し、産業クラスターが出始めている。

現在では、モガの生活水準は周辺地域より高いとされている。90％の家庭に電気が敷かれ、電話も普及し、どの村にも小学校があり、中学や高校もある。モガにおける医師の数は、周辺地域の５倍である。また、農民たちの購買意欲が上がったことにより、ネスレ製品の市場も拡大している。

このモガ方式をブラジル、タイほか十数ヵ国で繰り返し、最近では中国に持ち込んでいる。貧困問題の解決と経済価値の創造という共有価値の創造が、CSVの本筋なのだ。[4]

6 CSVをとおしてのネスレの戦略目標

今、ネスレはグローバルな戦略目標として経営ミッションをCSVに定め（図表5－1）、全世界で展開している。この経営ミッションは、同社の長期的な価値創出の重点領域として、「栄養食品」「水」「地方開発」に重点を置いていることが特徴である。その目標は、次のとおりである。

- **栄養食品**：滋養に富み、おいしく、購入可能な食品、飲料をすべての所得層の消費者に提供する。
- **水**：自社製品の製造に必要な水の確保と、生活インフラの整備されていない地域などの住民に清潔な水を提供する。
- **地方開発**：新興国でサプライヤーと消費者に密着した活動に投資し、市場プレゼンスを確立し、農村地帯のコミュニティーの生活水準を引き上げる。

前述のフィリピンとインドの例は、このうちの「地方開発」に当たるものである。「栄養食品」については、ネスレのもともとのビジネスの中核が食品にあることが理由である。

4 M.E. Porter and M.R. Kramer, Strategy and Society: The Link Between Competitive Advantage and Corporate Social Responsibility, *Harvard Business Review,* Vol.84, No.12, 2006.

図表5-1　ネスレの共通価値の創造

共通価値の創造 Creating Shared Value (CSV)

企業が長期的に繁栄し株主の皆さまに価値を創造するためには、同時に社会にとっての価値をも創造しなければなりません。私たちはこれを「共通価値の創造(CSV)」と呼びます。

長期的な共通価値の創造を成し遂げるため、
ネスレは、遅くとも2020年までに到達することを目指して39のコミットメントに取り組んでいます。

出所：ネスレ日本提供。

ロゴマーク鳥の巣とともに“Good Food, Good Life”を掲げているのは、何といっても事業の中核は食品であるということを示している。食品戦略としては、摂取カロリーの制限や栄養素の補給に配慮し、消費者の健康的な食生活に貢献する製品を供給することに重点を置いている。しかし、慢性的な栄養不足状態にある途上国の貧困層には、経済的な理由や流通チャネルの未発達により、ネスレの商品がほとんど入らないというのが実状である。ネスレはこの層のサプライチェーンに取り組み、所得向上の機会をさまざまな方法によって提供している。それと同時に、この層が購入できる価格で栄養補強食品を提供することにより、栄養不良の改善や乳幼児死亡率の低減という課題の解決にも取り組んでいる。

　ネスレは、平均的消費者の食品ブランドとして国際的な市場プレゼンスを確立しているが、持続的な事業成長を図るには、新たな顧客層の開拓が必要で

図表5-2　ネスレの商品セグメントと顧客ターゲット

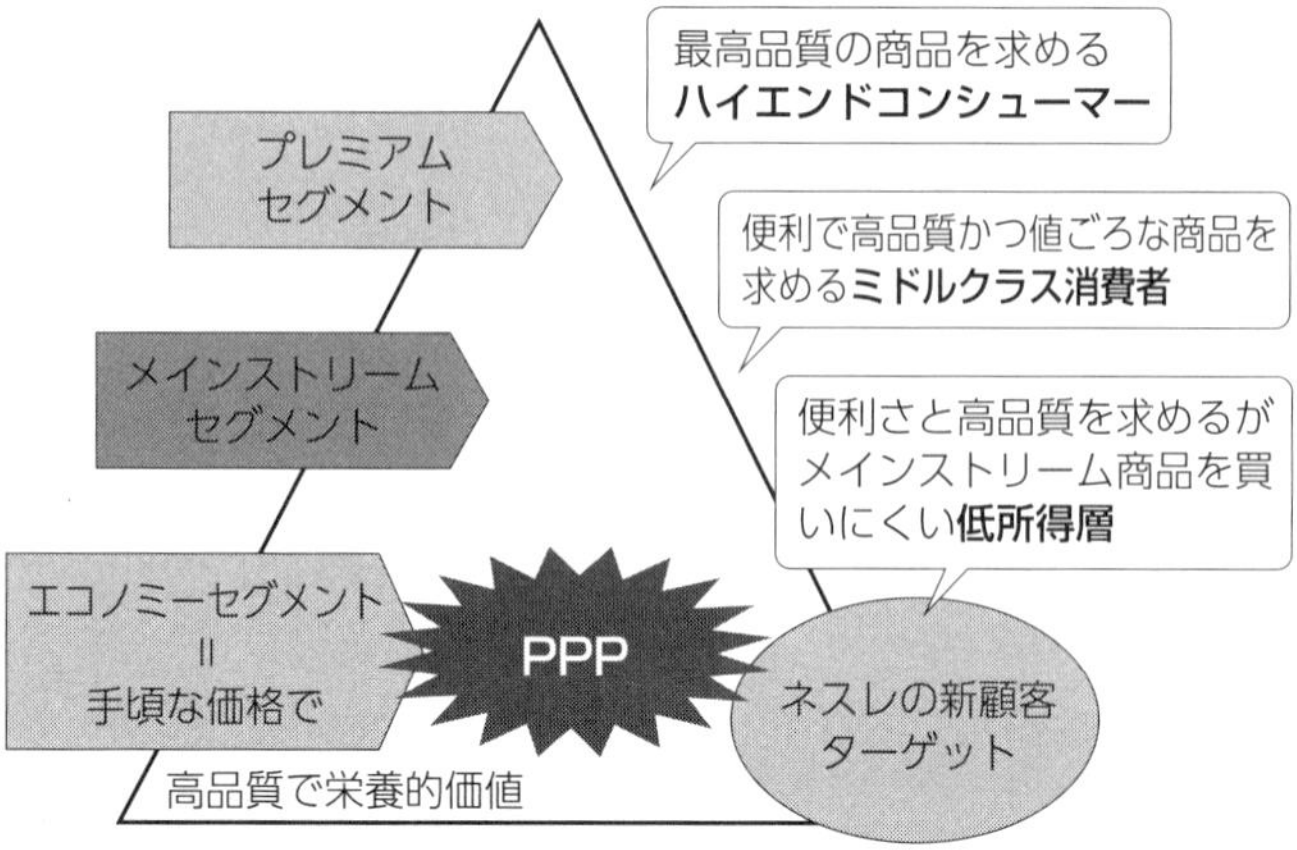

出所：日本貿易振興機構（ジェトロ）「インタビュー ネスレのPPP戦略とは（特別リポート BOPビジネス 先行事例に学ぶ）」2010年8月15日〈https://www.jetro.go.jp/publications/sensor/4c52717c70cb0.html〉。

ある。新興国では経済の急成長により中間所得層が育ち、ネスレの顧客が増え、売上は拡大している。しかし、世界を見渡せば、年間所得3000ドル以下という貧困層も多い。これはBOP（Bottom of Pyramid）と呼ばれる世界で30億人以上もの貧困層である。そこでネスレが打ち出したのがPPP（Popularly Positioned Product）戦略である。これは新興国、途上国の貧困層に入り込む事業戦略であり、手頃な価格で、高品質で栄養的価値のある商品を提供することを目的としている。PPPは1992年頃からすでに導入されていたが、全社的なレベルで推進体制ができたのは近年になってからである。PPPをピラミットのセグメントで図式化すると図表5－2のとおりであり、底辺の部分をいかに開拓するかが、長期的な経済的価値を生むポイントになる。

「水」について述べると、ネスレは世界の水を一手に引き受ける「水の王者」の異名をもつほどである。今や水源地を世界に約70ヵ所もつといわれ、水の売上だけで年間１兆円近くを稼ぎ出す、世界最大のミネラルウォーター企業でもある。「ヴィッテル」「コントレックス」「ペリエ」「サンペレグリノ」などの有名ブランドのミネラルウォーターはすべてネスレ製品で、このほかにも50以上のブランドを世界１００ヵ国以上で販売している。

ネスレはなぜ、水ビジネスを同社の事業戦略の中核に据えているのだろうか。それは何といっても、われわれが生きるためには水が必要であるからである。２０２５年には世界人口の３分の２が水不足に苦しむといわれ、水の価値は日に日に高まっている。20世紀は、油田を牛耳ったエクソンやロイヤル・ダッチ・シェルが莫大な富を築いた。今度は水が「21世紀の石油」と呼ばれるのだ。今世紀はネスレが石油企業さながらの大きな収益を上げることになるだろう。

7 ネスレの戦略的課題と展望

ここまで、ネスレの事例からCSRやCSVについて考えてきた。そこからわかることは、ネスレは、21世紀の社会を見据えた長期的展望のなかでビジネスの責任を考えていることである。図表5－3は、今のネスレの経営にとって重要課題となっているものをマトリックスで捉えた図である。グローバルな市場経済発展の負の側面であるこれら課題を、ビジネス活動を通じて解決できないだろうか。

図表5-3　ネスレの重要課題マトリックス
—ステークホルダーからの関心とネスレに対する影響図

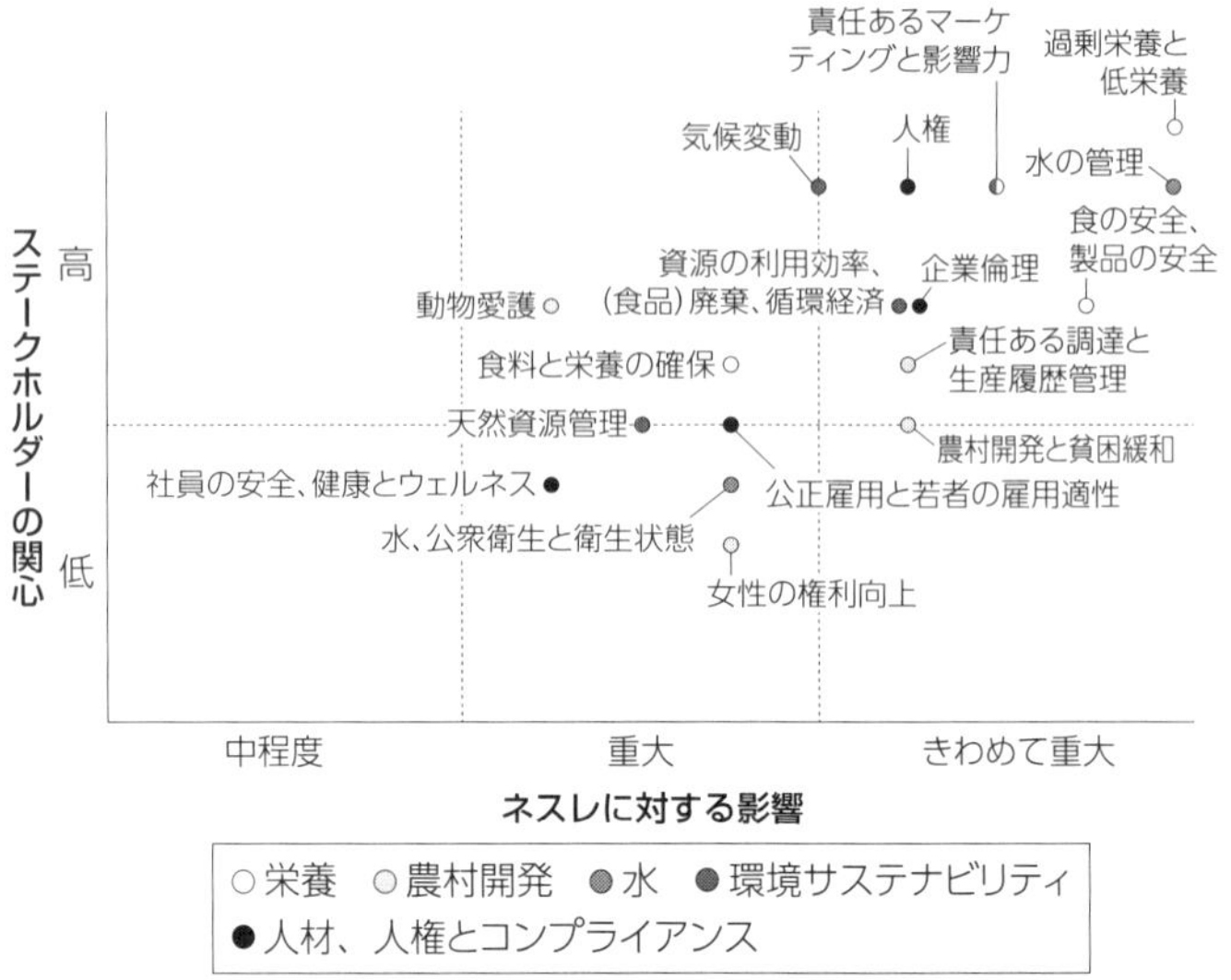

出所：ネスレホームページ「共通価値の創造：重要課題」〈https://www.nestle.co.jp/csv/old/materiality〉。

2018年の7月、日本政府は国連の場で「持続可能な開発目標」(SDGs：Sustainable Development Goals)に対して、1000億円を拠出することを決めた。SDGsとは、2015年9月の国連サミットで採択された「持続可能な開発のための2030アジェンダ」に盛り込まれた17の目標で、2016年1月1日に正式に発足した。これには、ネスレが掲げる食料、水、地方開発をはじめ、教育、エネルギー、雇用、インフラ整備、気候変動、海洋資源、生態系の保護などの領域が含まれている。ネスレはこのSDGsをさらに推進する形で、その見直しを行っている。

第6章

ネスレ流
ヒューマン・リソース・
マネジメント

1 ネスレのヒューマン・リソース・マネジメント

(1) ヒューマン・リソース・マネジメントとは

経営資源にはヒト、モノ、カネ、そして今では情報が加えられる。なかでもヒトは、新しい価値を生み出すコア（核）の資源である。「経営は人なり」といわれることがそのすべてを物語っている。どれほどＩＴ技術が進んだとしても、知識創造（Knowledge Creation）の根源は人であることは変わりない。企業に従事する人は、さまざまな職務に携わっている。こういった職務を担う人材を経営における最も大事な資源とするのが、ヒューマン・リソース・マネジメント（Human Resource Management：ＨＲＭ）の考え方である。

「ヒューマンリソース」という言葉が使用される前は、アメリカでも日本でも「人事管理」(Personnel Management) の呼び方が一般的だった。それが１９８０年代になって、アメリカ企業の間で「ヒューマン・リソース・マネジメント」の言葉が一般的となった。それまでのアメリカ企業は、業績が悪化した場合には、容易に人を解雇するレイ・オフ（Lay off：一時解雇）を当然のように行っていた。しかし１９９０年代頃から、企業における人材がいかに貴重で、成長の核となる経営資源であるかが認識されるようになった。

(2) ネスレの雇用形態

社員32万3000人を擁するネスレのヒューマン・リソース・マネジメントはどのように行われているのだろうか。多国籍にまたがるネスレの成長を支えているのは、何といっても人材である。ネスレ社員の圧倒的多数が、さまざまな宗教、言語をもって、先進地域、新興国あるいは未開発地域で、販売や生産、研究開発、ネスレが直接的に設立した会社、買収によってネスレグループになった会社などに従事している。

このようなグローバル企業において、国内社員と海外社員を分けて考える必要はあるのだろうか。ネスレの場合、国内社員、海外社員は区別なく、グローバルな経営体制のなかでヒューマン・リソース・マネジメントが行われている。そのなかには、ネスレが直接的に設立した会社もあれば、企業買収によってネスレの支配下に置かれている会社もある。企業買収後のHRMはどう行われているのだろうか。

ネスレの雇用形態は、①センターベース、②ローカルベース、③ホームベースの3つに分けられ、さらに、集権的な管理と分権的な管理に分けられる。まず、集権的に管理されているのは、①センターベースの社員である。スイス本社で採用され、世界中どこで勤務するかわからず、経歴の大半をスイス以外で過ごし、将来は経営幹部に登用される人材である。分権的に管理されているのは、②ローカルベースの社員と③ホームベースの社員である。基本的に現地で採用されるが、ローカルベースの社員がグローバルに活動することはあっても、ホームベースの社員がグローバルに活動することはない。

ネスレの人材採用は、各国に権限移譲して分権を進めているが、要となるポストは本社が集権的に管理している。しかし、重要ポストには本社社員であるセンターベースだけから就くわけではない。ローカルベースの社員が、本社の重要ポストに就くこともある。たとえば、ネスレ日本の社長兼CEOである高岡浩三氏は、ネスレ日本で採用されたローカルベース出身である。スイス本社から派遣されたセンターベースの社員が社長職に就くのが一般的であったが、2010年に高岡氏が社長に登用された。ネスレのワールドワイドの人事政策は決まっているが、能力があればローカル出身でもトップに登用するというダイナミックな運用もなされている（第9章参照）。

2 ネスレ人材の基本原則

ネスレは分権経営によって各々の事業主体に経営資源の配分がなされているため、これらをネスレ全体の経営目標へと統合していく必要がある。分権と集権の問題は、具体的には人への権限移譲の問題であり、それを担う責任者であるリーダーはどのように育成されるのであろうか。日本の先進的グローバル企業は海外社員数がますます増大するなかで、ネスレのHRMはきわめて興味深い。

ネスレは、中興の祖といわれるヘルムート・マウハーのときにHRMをネスレ経営の基本に置き、今もってＨＲＭを総合的に見る最高人事責任者を、最高意思決定機関である取締役会と執行役会のメンバーに配している。

ネスレ経営のバイブルとなる「ネスレの経営に関する諸原則」の事業運営に関する10原則の４と５に、「ネスレの事業活動における人権」「リーダーシップと責任ある行動」がある。人権は、世界各地で事業展開するネスレにとってきわめて重要な課題である。なぜなら、先進国だけでなく発展途上国、新興国、未開発地域での事業展開において、さまざまな労働問題に直面するからだ。ネスレは世界最大のコーヒー会社であるだけに、大量のカカオ豆を必要とする。カカオ豆の生産は、アフリカなどの未開発地域における児童労働の問題にかかわるため、注意を払わなければならない。ネスレが直接的に関与していなくとも、コーヒー豆をどこでどのような形で入手したかというサプライチェーンが問題なのである。このためネスレは、「国連グローバル・コンパクト」（ＵＮＧＣ）を全面的に支持し、それを遵守することを徹底している。そのうち、人権の支持に関する原則は次のとおりである。

- 結社の自由と団体交渉の権利の承認（ＵＮＧＣ原則３）
- あらゆる形態の強制労働の排除（ＵＮＧＣ原則４）
- 児童労働の撲滅（ＵＮＧＣ原則５）
- 雇用、就業における差別の排除（ＵＮＧＣ原則６）

ネスレの人材については、人材が事業反映の基盤であることを認識し、各人が責任感をもって行動することを求めている。ネスレは価値観を重んじ、有能でやる気のある人材を採用し、すべての社員に等しく能力開発の機会を与えるとしている。また、プライバシーを保護し、いかなるハラスメントや差別も許さないとしている。

ネスレのヒューマンリソースポリシーは次のとおりである。

- 共有責任（Shared Responsibility）：事業の責任者であるラインマネジャーは
- ネスレの経営に参画すること（Joining Nestlé）
- 雇用と労働条件を確立すること（Employment and working conditions）
- 総報酬を明確にすること（Total Rewards）
- 訓練と学習を行うこと（Training and Learning）
- 有能な人材の開発と成果のマネジメントを確立すること（Talent, Development and Performance Management）
- 従業員との関係を常に考えること（Employee Relations）
- フレキシブルでダイナミックな組織にすること（Flexible and Dynamic Organization）

3 人材育成方法

(1) 現場でのOJT

人材育成の方法には、研修などの集合教育によるOｆｆ-JT（Off the Job Training）と、業務をとおした体験によって学ぶOJT（On the Job Training）がある。前者は知識を修得し、情報を共有することによって覚える「形式情報」であるのに対し、後者は体験や体感によって身体で覚える「意味情報」、つまり暗黙的にその人に内在して蓄積されていく育成方法である。

仕事は「言葉よりも経験」「研修よりも現場」といわれるように、頭のなかで考える形式情報よりも、実際に現場で体験していく「意味情報」の方が身につきやすいといわれる。しかし、意味情報である各人の暗黙知に、それが何であるかの客観性を与え、正しい意思決定をサポートするためには、形式情報が必要である。ビジネスを行うに当たって大切なのは、両方の情報を同時並行的に繰り返し学んでいくことである。そうすることによって、経営に対する的確な判断が身につくであろう。

国際事業のなかには、形式情報をもとに綿密に分析しても、実際の現場に行かなければわからない部分が多くある。海外現地へ行き、人びととの交流や会話・交渉をとおして身体で学びとっていく意味情報が大きなウエイトを占めてくる。ネスレの経営の基本にあるものは現場主義である。世界各国のネスレの事業拠点で仕事を通じて経験することが、能力の向上や人事評価につながっていく。

(2) OFF‐JT――ネスレのグローバル研修センター

① ネスレ研修の前身――IMEDEからIMD

1995年、筆者がネスレを訪問した際に立ち寄ったローザンヌに、IMEDE (Institute pour l'Etude des Methodes de Direction de l'Enterprise) というビジネススクールがあった。この前身は、1957年、ネスレとローザンヌ大学がアメリカのハーバード大学と協力のもとで設立した欧州発のビジネススクールである。ネスレ中興の祖といわれるヘルムート・マウハーがドイツのネスレで幹部候補生になったとき、IMEDEの8ヵ月のコースに参加した。その後、ネスレ社員には6週間の特別研修があったため、ほぼ1年間、IMEDEにいたという。マウハーは「IMEDEは私にとって初めて生きた「世界」だった」と振り返っている。実務で過ごしてきたマウハーにとって、IMEDEでの研修による人びととの出会いは、これまで経験しなかった異文化との触れ合いだったのだろう。ここで国際的環境に接したことが、その後の人生に最も大きな影響を与えたと自身で振り返っている。[1]

ヨーロッパでもビジネススクールの要請が高まるなか、すでにローザンヌの隣のジュネーブにあ

1『日本経済新聞』「私の履歴書：ヘルムート・マウハー」1998年9月連載。

るジュネーブ大学のなかに、ＣＥＩという小さなビジネススクールがあった。これは、カナダの多国籍企業アルキャン（Alcan）が戦後間もない１９４６年にジュネーブに設立したＩＭＩ（International Management Institute）を合併し、ヨーロッパのビジネススクールとして発足ものである。その後、ヨーロッパでの本格的なビジネススクールの設立に応えて、ＩＭＩはＩＭＥＤＥと合併し、１９９０年にＩＭＤ（International Institute for Management Development）となった。今やイギリスのロンドン・ビジネス・スクール（London Business School）、フランスのフォンテーヌブローにあるＩＮＳＥＡＤと並ぶ、ヨーロッパを代表するビジネススクールになっている。

ＩＭＤは現在、毎年秋に2日間にわたって日本経済新聞社と共同して東京で「世界経営者会議」を開催している。学長はフランス国籍のドミニク・テュルパン（Dominique Turpin）教授で、この会議の主催者である。教授は上智大学で経済学博士号を取得し、慶応義塾大学ビジネス・スクールの客員教授をしていたことから日本通のところもあり、世界経営者会議はＩＭＤの存在を世界の経営者に知ってもらうよい契機となって発展してきた。２０１６年に学長は退任したが、教授として、そしてNestlé Professor として、現在もローザンヌのＩＭＤ本校のほか、シンガポールにあるＩＭＤの研修施設で教鞭をとっている。ＩＭＤにはヨーロッパ各国のほか、日本、アジア、インド、中国、アフリカからのビジネスマンも多く参加している。

図表6-1　Rive-Reine Training Center

出所：筆者撮影。

②ネスレ社員の出会いの場
――Rive-Reine Training Center

ヴェヴェーにあるネスレ本社から2㎞離れたレマン湖沿いに、ネスレの本格的トレーニングセンターであるリブレイン（Rive-Reine Training Center）がある（図表6－1）。ここは、ドイツの貴族が所有していた館をネスレが買い取り、研修施設として整備した由緒ある建物である。研修施設には宿舎、ビジネススクール風の教室、少人数の部屋、カフェテリア、ダイニングルームがあり、レマン湖に面した庭園を兼ね備えた夢のような雰囲気である。ここに世界のネスレ社員が集い、互いに異文化に接し交流することによって、それぞれの職務領域を磨く。ネスレの価値共有の最大の場が、「出会いの場」として機能している。

ネスレの研修はここが中央研修センターではあるが、このほかにメキシコ、タイ、イギリス、中国、ギリシャ、南アフリカ、ハンガリー、インド、ウクライナ、ルーマニア、トルコ、インドネシア、ガーナ、エジプト、マレーシア、イタリア、スペイン、ドバイ、スリランカ、Zone AOA、EUR、AMSなどでも研修は頻繁に行われている。研修期間は4－5日や、10日間ぐらいのものもある。研修の講師は主にネスレのそれぞれの職務の専門家であるが、IMDの先生方をゲストとして呼ぶこともある。研修者は世界各国から集まるが、飛行機代とリブレインの宿泊については各事業所が負担、研修費はリブレインが負担という仕組みになっている。

研修内容は大きく、マネジメントとリーダーシップ、ヒューマンリソース、マーケティングとセールス、イノベーション・テクノロジー・研究開発、オペレーション、財務・コントロール・法律などの分野にまたがっている。ちなみに、それぞれの分野には次のような項目がある。

- マネジメントとリーダーシップ
  - Fundamental of Leadership at Nestlé
  - Advanced Leadership at Nestlé
  - Executive Leadership at Nestlé
  - Business Executive Management
  - Mobilising People to Implement Change
  - Corporate Communications at Nestlé
  - The Nestlé Leadership Programme

Leadership the Nestlé Way Programme

●ヒューマンリソース

Human Resource Management at Nestlé

Leadership in Human Resources

●マーケティングとセールス

Introduction to Marketing and Sales

Advanced Marketing and Sales

Leadership in Innovation

●イノベーション・テクノロジー・研究開発

Leadership in Innovation

Management in Innovation, Technology and R&D

Leadership in Regulatory & Scientific Affairs

●オペレーション

Ensuring Supply, R&D and Technology Management

Leadership in Manufacturing and R&D

Factory Managers

Leadership on Procurement

Supply Chain Management

Globe

- 財務・コントロール・法律

Manufacturing Costing at Nestlé

Finance & Control at Nestlé

Costing for Decision Making and Controlling

Financial Reporting and Governance

Business Co-Pilot

Enable Finance & Control to Make-it-Happen

Legal as a Business Partner

Leadership in Legal

4 人事評価と人材育成システム

(1) コパイロットとは

コパイロット（Co-pilot）は副操縦士を意味する言葉である。「コ」とは、「共同の」という意味をもつ。パイロットは、機長と副操縦士がともに飛行機に乗り込み、万が一の場合に備える。「コ」には、上下関係はなく、互いにチェックし合いながら安全運航を行うという意味もある。

これを経営の現場で応用したのが、ネスレの全世界に共通する人事システムである。

経営は、さまざまな事業部門や職能部門から成り立っている。事業部門は将来の企画を担う部門であり、本社ではそれを総合して考える総合企画部門が必要とされるが、ネスレにはそれがない。ネスレは、各事業部門や職能部門が自ら企画を立てる。各事業部門や職能部門で将来の企画を考える際に重要なことは、ヒトとカネの問題である。事業部門の場合は将来の成長のための投資が必要であるし、職能部門でも生産性を考えたイノベーションのための投資が必要である。このためネスレでは、どのような事業単位にも財務のスペシャリストと人事のスペシャリストを置いている。たとえば、財務のコパイロットの役割は次のとおりである。[2]

- 戦略の立案とそのコミュニケーションに積極的に関与し促進する
- しっかりしたバックアッププランを伴うシナリオプランニングを行う
- 適切な財務分析を通じて効率的な予算配分をサポートする
- タイムリーに正しい情報でビジネスパフォーマンスのマネジメントをサポートする
- 構造コストを含む原価管理を先見性をもって行う
- 価格戦略の実行やマージンが、合意した戦略に沿っていることを保証する
- 新しいビジネスのイニシアティブを推進する

2 中岡　誠「ネスレの経営と管理体制」一般社団法人企業研究会第39期 経営戦略担当幹部交流会議：新中期経営計画と新事業の創出、2017年2月17日（第1回例会資料）。

図表6-2　ネスレの人事評価および人材育成システム（TPMS）

全世界共通で評価＆育成

四つの制度	年間の流れ	
①年間業績評価（PE） 目標達成度とビヘイビアー（行動）についての 1 年単位の人事考課。この評価が昇給・賞与に反映される	12〜2月	各社員とマネジャーによる期末面談（中間面談は 6〜8 月）。評価を行い、フィードバック
	2〜3月	各社員とマネジャーによる目標設定
②タレント評価（TA） 継続的なパフォーマンス（2〜3 年の年間業績）とポテンシャル（新しい条件下でも経験を生かし、成功裏に業務を遂行する機敏さと意欲）を評価	5〜7月	マネジャーと部門長らによる評価
③後継者計画（SP） 全管理職ポジションにおける後継者計画。管理職社員は自らの後継者候補を定め、該当者において育成すべき点を特定する		管理職と上層部による更新
④育成プラン（PDG） 強みと育成すべき点、将来的なキャリアの希望を共有した能力開発プラン。中長期的な育成につなげる	6〜8月	各社員とマネジャーによる議論と更新

出所：『週刊ダイヤモンド』第104巻第38号、2016年10月、55頁。

この仕組みがコパイロットシステムである。コパイロットシステムは全世界共通であり、コパイロットは、スイス本社や現地法人の方針、システムなどを把握している。このシステムによって、コパイロットは部門内にいながら、財務管理本部や人事総務本部に自部門の状況を報告するため、各部門が間違った方向に進んでいくことはない。

(2) ネスレの人事評価と人材育成システム（TPMS）

ネスレの人材のキャリアコントロールを司るシステムは、図表6

－2のとおり、世界共通で4つの制度から成り立っている。

第一が社員の業績を評価する「年間業績評価」（Performance Evaluation：ＰＥ）、第二が長期で社員を評価する「タレント評価」（Talent Assessment：ＴＡ）、第三が自分の後継者候補を定める「後継者計画」（Succession Planning：ＳＰ）、第四が社員を中長期的に育成する「育成プラン」（Periodical Development Goal：ＰＤＧ）である。

ネスレは国内外で人事異動があるため、世界共通のシステムを全社員が共有していることは強みである。後継者育成制度は、大抵の企業では部長などの幹部クラスに導入されているが、ネスレの場合は管理職全員が対象である。経営トップの最も重要なことは、後継者を見つけることである。ネスレはそれを経営者だけでなく、部長や課長にも当てはめている。人事評価、育成制度の年間の流れを見ると図表6－2のとおりである。

5 リーダーの育成

(1) 人材育成計画

企業経営に経営ビジョンの制定や経営計画があるように、人材育成にも長期的な視点に立った人材育成計画があってもよい。ビジネスの計画も人材の計画も、すべてが筋書きどおりにはいかないが、将来を見通すことにより、現在の問題を発見することは意義があることだ。将来を完全に予測することは不可能であるにしても、事業の方向性や成長の予測は可能である。

ビジネスでは思いもよらない不測の事態が起こり、計画の大幅な修正を迫られることがある。しかし、だからといって計画を立てない企業は不測の事態に対応することはできない。将来を完全に予測することはできなくとも、ビジネスの大きな潮流を予測し、将来に向けて企業としてこうありたいという意思を、計画の俎上に載せることはできる。これによって現在の自社の強みと弱みを発見し、ギャップを少しでも埋めていこうとすることに計画の意義がある。そのためにはＣＥＯであるトップが何を目指すのか最終的な意思が反映されなければならず、経営資源の配分は最高トップによる戦略的意思決定の領域である。

現在、グローバルリーダーの育成問題が活発に論議されているのは、21世紀になってますます進むグローバル市場での事業展開には、グローバルリーダーとしての資質が問われ、そのための育成方法が課題となっている。今日のわが国では多くの産業分野が成熟化し、次なる成長のために海外市場への進出が不可欠の要件である。このようなグローバルな経営活動の展開を担っていくには、専門領域の育成はもちろんのこと、それを統括できるリーダーの育成が求められている。グローバルリーダーの人材育成計画のなかで、どのような職種でどのレベルのリーダーが必要とされているかを計画的に育成することが必要とされている。

(2) キャリアデザイン

リーダー層の育成のためには、どのような人間をどう育てるかを構想するキャリアデザインの活用が考えられる。キャリアとは、さまざまな業務経験をさせながら人材を計画的に育成し、しかるべきポストに就かせる1つの選抜・エリート教育のことである。

現在の課題となっているグローバルリーダーの育成は、グローバルな経営活動を行ううえでのトップ層の人材育成である。しかし、多くの企業では特定部門の限られた職務範囲内での業務経験を積ませるのみで、ゼネラリストであるグローバルリーダーの育成にはつながっていない。よく「優れたスペシャリストは優れたゼネラリストでもある」といわれるが、ゼネラリストとしてのリーダーは、目的的に経営の全般的知識を経験によって学び、幅広い知見を修得していく過程で生まれる。

ある職務をスペシャルにこなす能力と、それらのスペシャルな職務を統括してより優れた成果を生み出すリーダーとしての能力は、異なった次元で生まれる。そのため、ゼネラルなマネジメント能力を開発するための育成をキャリアのどの時点で取り入れるかが、人材育成での大きな課題となる。なぜなら、能力的にも体力的にも、能力を最大限に発揮できる年齢は限られてくるからである。40歳、50歳でリーダーとして最大限の能力を発揮してもらうためには、30歳代でスペシャリストの仕事をしながら、同時並行でゼネラリストとしての能力開発も行わなければならなくなる。

この問題を解決する方法の1つとして、リーダーの育成を人材育成計画のなかに組み入れた能力開発が挙げられる。この育成プログラムを行うに当たって企業が考えるべきことは、人材を育成する場をどの時点で提供するかである。育成のための場を提供することが企業の人材育成計画の要諦であり、それは個人の学習意欲を向上させることにもつながる。このようなキャリアデザインは、多用な職務経験を計画的・意識的に積ませることによってリーダーを育成することを目的としている。

しかし違った視点から見ると、育成の機会を与えられなかった人材との間で差別が生まれ、モラールダウンを招く原因にもなってしまう。企業はこれを恐れて、能力開発を明瞭な仕組みにしなかった部分がある。しかし、現在のグローバルリーダーはＣＥＯ１人だけでなく、さまざまな事業拠点でリーダーとなるべき多くの人材を必要としている。モラールダウンを恐れていては、これからの企業は発展していくことはできない。つまり、人間の能力は絶対的なものではなく相対的なものであり、対人との関係から影響を受けて育っていく。そのため、計画的に対人関係をもつ場を与え、リーダーとしての要件を身につけさせることである。

第7章

ネスレ日本の発展と今日

1 日本進出100年史

ネスレは1913年に日本に進出し、2013年に100周年を迎えた。1900年代初頭といえば、大正の時代である。1860年代の明治維新によって少しずつ西洋文化が入り、1800年代の終わり頃には石油会社（スタンダードオイル）や電気会社（ウェスタン・エレクトリック、ゼネラル・エレクトリック（GE）、シーメンス）などの外国企業が日本市場に進出し始めた。これらは主に日本の産業技術基盤を確立するために、政府の産業政策と相まって技術導入を目指すものであった。

このような時代のなかで、スイス企業であるネスレがいち早く日本に進出したのにはどのような理由があったのだろうか。ネスレの創業は1867年であるから、ちょうど日本では明治維新が始まった頃である。また1866年には、アメリカ人のページ兄弟が、スイスでアングロ・スイス煉乳会社を始めていた。この2つの企業は1905年に合併し、ネスレ・アングロ・スイス煉乳会社となるが、この頃すでに同社はイギリス、アメリカ、ドイツ、オーストラリアに生産基地をもっていた。

ネスレは幼児の栄養補給に欠かせないコンデンスミルクはどこの国においても必要だと考え、1913年、西欧文化を取り入れ始めた日本の横浜に極東地域の販売基地を設立した（図表7－

図表7-1　ネスレの最初の日本進出―1913年横浜に設立したときの写真

出所：ネスレホームページ「ネスレ日本の歩み」
〈https：//www.nestle.co.jp/aboutus/global/japan-history〉。

１）。練乳はスイスからではなくアメリカの工場から船で持ち込まれ、問屋をとおして卸売りされた。そのこともあって問屋が多く集まる東京に１９１５年に移転し、さらに１９２２年に外国商館などが集まる神戸に日本での本拠地を移した。現在もネスレ日本の拠点は神戸にある。神戸三宮駅に近い一等地にそびえ立つ瀟洒なビルは「ネスレハウス」と呼ばれ、外資系企業を代表する日本市場での成長ぶりを象徴している。

神戸に本拠地を移したネスレは、主に薬局向けに練乳を売り、量的には少ないものの、日本市場では確実に伸びて行った。この伸びとあわせて日本政府による練乳の国産化の要請があり、１９３３年、ネスレ日本は練乳の国内生産を開始するため、淡路島に拠点をもつ藤井煉乳（その後淡路煉乳となる）と提携して練乳工場を設立した。さらに１９３６年には、森永ミルクから岡山の西大寺の工場を買収し、本格的な生産販売活動へと動き出した。

図表7-2　ネスレ日本小史

1913年	ネスレ・アングロ・スイス煉乳会社がロンドンの極東輸出部の管轄で横浜に日本支店開設。
1922年	日本支店を神戸に移転。
1933年	淡路島の藤井煉乳と提携、国内生産体制に入る。
1940年	日本支店が「ネスレ・プロダクト・カンパニー神戸支店」と改称。
1960年	淡路煉乳と「ネスレ・プロダクト・カンパニー」の業務を一体化して、ネスレ日本発足。
1965年	「ネスカフェ」の国内生産に向け、兵庫県に姫路工場完成。翌年より国内生産開始。
1973年	静岡県に島田工場完成。「ネスカフェ」の生産開始。
1978年	茨城県に霞ヶ浦工場完成。「ミロ」をはじめとするネスレブランドの国内生産開始。
1986年	「ネスプレッソ」発売。
1987年	フリスキー株式会社（現・ネスレピュリナペットケア）誕生。
1989年	ネッスルマッキントッシュ株式会社（現・コンフェクショナリー事業部）設立。
1994年	ペリエジャポン株式会社がネスレグループに。
2008年	ネスレニュートリション株式会社（現・ネスレヘルスサイエンス）活動開始。
1999年	ネスレ日本本社が神戸三宮のネスレハウスに移転。
2009年	「ネスカフェ ゴールドブレンド バリスタ」発売。
2013年	ネスレ日本創業100周年を祝う。

出所：ネスレ日本提供。

第二次世界大戦中、ネスレは中立国スイスの企業であることを理由に、日本政府の資産接収から免れる。そして戦後になって、淡路島工場と西大寺工場で作られる練乳や乳製品の大々的な販売活動を始めた。図表７－２は、ネスレ日本の主なる経営経過をまとめたものである。

2 ネスレのブランドとなったインスタントコーヒー

ネスレといえば、インスタントコーヒーの代名詞のように思う。しかし、コーヒー文化はヨーロッパ、それもネスレ発祥の地であるスイスではない。ヨーロッパではイギリスをはじめ、コーヒーよりも紅茶が親しまれている。しかしネスレは、アメリカでの市場拡大に伴い、第二次世界大戦中にアメリカに第二の本社機能を置き、アメリカ軍に加工食品を提供した。アメリカ軍はこのときすでにインスタントコーヒーである「ネスカフェ」を愛飲しており、戦後はアメリカの占領下にあった日本に「ネスカフェ」を持ち込んだ。

戦後の復興に合わせて日本人の間でも人気となったインスタントコーヒーを、１９５６年、日本政府は外貨制限枠内での輸入自由化を認めた。ますますインスタントコーヒーの需要が高まるなかで、１９６０年、貿易自由化の流れのなかでコーヒー豆の輸入も自由化した。これに対応して、日本メーカーの森永製菓や明治製菓もインスタントコーヒーの生産を始めた。ネスレのインスタントコーヒーの国内生産は、１９６６年に姫路工場で開始された。

1960年代は日本経済の高度成長期であり、68年には東京オリンピックも開催された。食文化も西洋化の流れのなかにあり、コーヒーも一般家庭に普及し始めた年代である。すでにテレビはどこの家庭にもある時代で、インスタントコーヒーの代名詞となりつつあったネスカフェは、大々的にテレビコマーシャルや、さまざまな広告媒体を活用した宣伝活動を行った。当時のネスレ日本の社長はスイス本社から派遣された責任者であり、長期にわたって駐在し、陣頭指揮した。[1]

1960年のネスレ日本の従業員は154人だったが、65年には597名となり、その3分の2以上はインスタントコーヒーの営業を担当したといわれる。62年からは大学卒の定期採用も開始した。営業活動やテレビコマーシャルによる積極的なマーケティングにより、ネスレのシェアは急速に上昇していった。ネスカフェのマーケットシェアは61年では6%にすぎなかったが、62年には45%となり、第1位の地位を得た。これに対してライバルであるアメリカのゼネラルフーズの日本におけるシェアは20%であった。そのほかの35%は、輸入品ブランドが60以上であった。ネスレ日本設立当初は、コンデンスミルクが主な事業であったが、ネスレによるインスタントコーヒーの発明と日本市場での急速な拡大により、ネスレブランドを日本で不動のものにしていった。今でも、コーヒーはネスレ日本の大きな柱であることには変わりない。

現在、日本には3つの工場があり、その製品分野は図表7－3のとおりである。それぞれの工場には技術開発を担う応用開発、工務、生産技術製造、品質、パッケージ、生産管理、食品

1 これについては、以下の論文が詳しい。
桑原哲也「多国籍企業の現地経営と駐在員政策 ― 高度成長期の日本におけるネスレ」『国民経済雑誌』（神戸大学）第199巻第4号、2009年。

図表7-3　ネスレ日本の国内工場と主な生産品目

島田工場	●ネスカフェ エクセラ ●ネスカフェ ゴールドブレンド ●ネスカフェ 香味焙煎 ●ネスカフェ プレジデント ●ネスカフェ ボトルコーヒー
姫路工場	●ネスカフェ ゴールドブレンド ●ネスカフェ エクセラ ●スティックタイプコーヒー ●ネスカフェ ドルチェ グスト カプセル ●キットカット など
霞ヶ浦工場	●キットカット ●ブライト ●ネスカフェ ボトルコーヒー ●栄養補助食品 ●バラエティーミックス製品

出所：ネスレ日本提供。

法規部門がある。しかし、研究開発部門として独立した拠点はない。基本的にネスレ日本は、ネスレが全世界にもつ研究開発拠点で開発された技術を応用し、日本人の嗜好や市場に合わせ、最新の技術を駆使した製造設備のもと、安全で高品質な製品を作り出すための業務を担っている。

応用開発部門は、ネスレ内で開発された技術を世界各地のリサーチセンター、製品技術センターと連携しながら、国内向けに応用し、製品化を進めている。製品の応用開発をはじめ、原材料の評価から実験室レベルでの製品試作、工場への技術導入など、製品化までのすべての工程に係る部門である。

3 ネスレ日本の現体制

現在のネスレ日本は、資本金100億円、社員数はグループ全体で2500人ほどで、本社Nestlé S.A. の100％子会社である。ネスレは、スイスのチューリッヒにあるスイス証券取引所でしか上場していないため、各国での財務データは公開しておらず、売上、利益などの情報は未公開である。

ネスレは世界を3つの地域（Zone）に分けた経営体制を敷いており、日本はアジア、オセアニア、サハラ以南の地域であるZone AOAに含まれる。したがって、ネスレ日本のCEOは、スイス本社のAOAの経営責任者に最終的な収益責任を負う。

現在、神戸にあるネスレ日本の経営体制は図表7－4に示すとおりで、各事業部とそれをサポートする本社スタッフからなっている。一番大きな事業はネスカフェをはじめとする飲料事業、次にキットカットなどのチョコレート菓子事業、さらにフリスキーなどのペットフード事業、栄養補助食品、業務用、ミネラルウォーター事業と続く。営業拠点は、北は北海道から南は九州まで網羅している。それを統括する部門は営業本部であり、工場生産については生産本部が統括している。

図表7-4　ネスレ日本グループの組織図

出所：ネスレ日本提供。

4 ネスレ日本の飛躍的発展——ジャパンミラクル

「ジャパンミラクル」は、近年スイス本社でネスレ日本の飛躍的成長ぶりを讃える言葉として注目されている。筆者も昨年、ネスレ本社を訪ねた際にこの言葉を担当役員から聞き、さらに国際研修センターのリブレインのセンター長から、ネスレ日本の高岡浩三社長のリーダーシップのすばらしさを耳にした。

先進国ではどこもコーヒー需要が成熟化し、さまざまな経営構築策が登場するなど激しい競争状態のなかにある。ネスレを代表するインスタントコーヒーの主な需要は家庭内であり、コンビニエンスストアなどで気軽に飲めるコーヒーが登場したことにより頭打ち状態にあった。そのため、コーヒーの代名詞となった「ネスカフェ」需要の拡大は先進国のどこでも期待できず、ネスレ日本もその例外ではなかった。2000年代、ネスレ日本は売上、利益ともに低迷期へと突入する。スイスから派遣された歴代の社長はさまざまな経営改革を行ったが、それほどの成長は期待できなかった。このような流れのなか、2011年に意外な人事が発表された。初めての現地人社長・高岡浩三氏の就任である。

前述のとおり、ネスレのグローバルな雇用形態は、センターベース、ローカルベース、ホームベースの3つに分けられている。センターベースはスイス本社で採用され、全世界のどこかへ行き経営層としての役割を担う幹部候補生であるが、これまでのネスレ日本の社長は当然、センターベースの社員から派遣されていた。ところが、高岡氏は、ネスレの進出先現地で採用されたローカルベースの社員である。ローカルベースであっても、ネスレ日本での経営手腕が評価され、スイス本社の要請によってネスレ日本の最高経営責任者に託されたのだ。就任後の高岡氏の斬新なアイデアによって、さまざまな経営革新が行われ、ネスレ日本の近年の飛躍的成長へとつながっている。それが今やスイス本社で、「ジャパンミラクル」として注目されているのだ。

(1) キットカット

まず、身近な製品戦略として「キットカット」の例を紹介しよう。キットカットは、もともとはイギリスのチョコレート老舗企業ロントリーマッキントッシュのブランドだが、１９８８年にネスレが買収し、世界的ブランドに育てた。前述のとおり、ネスレには食は基本的にローカルなものだという方針があり、キットカットも、そのブランド名と特徴であるチョコレートとウエハースの組み合わせを変えなければ、味は地域のニーズに合わせてよいということになっている。こうした背景があり、日本ではさまざまなフレーバーが誕生した。特に抹茶味のキットカットは、訪日客間で絶好のお土産品として愛されている。時あたかもインバウンド効果も幸いして、チョコレート需要の新たな開拓をネスレ日本が行った。

キットカットは近年、ネスレの名を一躍有名にした商品の１つであるが、これには現社長が仕かけた「キットカット受験生応援キャンペーン」が背景にある。キットカットが九州弁の「きっと勝つとぉ」に響きが似ていることから、九州ではお守りのような存在として広まっているのを耳にした高岡氏は、「キット、サクラサクよ」というキーメッセージとともに受験生を応援する活動を全国で展開した。最初に始めたのは、ホテルとの取り組みだった。地方から上京した受験生が宿泊するホテルに協力してもらい、試験に向かう前にフロントのスタッフからキットカットと桜満開のイラストのメッセージカードを手渡してもらう。これが受験生の間で評判になり、多くのホテルで引き合いになり「キットカット＝受験生のお守り」というイメージが瞬く間に定着していった。この現象がテレビや新聞で取り上げられると、受験シーズンには売上が跳ね上がり、供給が追いつかないほどになった。それまでチョコレートといえばバレンタイン商戦が主な稼ぎどきだったが、コンビニエンスストアやスーパーマーケットが「受験」を切り口とした新たな売り場を作るようになり、ビジネスチャンスが拡大した。

また、これまでにない期間限定商品を企画し、新しい味を2ヵ月ごとに発売する戦略にもチャレンジした。これが爆発的なヒットとなり、コンビニエンスストアでの売上を劇的に伸ばすことになった。

(2) ネスカフェ アンバサダー戦略

もう1つ、「ネスカフェ アンバサダー」の例を紹介する。ネスカフェはネスレのコーヒー製品であり、インスタントコーヒーの代名詞ともなっている。なかでも、機械で抽出するドリップ式のコーヒーマシンが有名で、「ネスカフェ ゴールドバリスタ」や「ネスカフェ ドルチェ グスト」の名前で発売されている。機械そのものはスイスの開発センターで生まれたものだが、これを導入したいと最初に手を上げたのがネスレ日本である。

高岡氏は、家庭用のコーヒー需要が頭打ちになっているなかで、職場で飲めるコーヒー需要の開拓に目をつけた。職場で飲めるコーヒーとしては、１００円前後の値段で飲める自動販売機の缶コーヒーが一般的だが、いくら手頃な価格とはいえ繰り返し何回も飲めるわけではない。しかし、１杯30円で、しかも挽きたてのコーヒーが飲めるようになったらどうだろうか。そこで考えたアイデアが、コーヒーマシンを無料で提供し、飲む人は毎回30円支払うという仕組みである。

しかし、問題はこの仕組みを誰がサポートするかである。どこかの部署で一括して行うということは、人員省力化のなかにあって到底できることではない。そこで考えたのが「アンバサダー」制度である（図表7－5）。アンバサダーは「大使」という意味である。それぞれの職場のなかで、誰か１人にネスレの大使になってもらい、各人が集金箱に入れたお金集めて次のコーヒーを注文してもらうという仕組みである。職場で入れたてのコーヒーを飲むことができるだけでなく、コーヒーをきっかけに互いにコミュニケーションをとるようになり職場が活性化し、さらにはアンバサダーが感謝されるという思いもよらない効果が出てきているという。

また新たに、コーヒーマシンの家庭での需要も開拓した。これは現代のＩｏＴ（Internet of

図表7-5　ネスカフェ アンバサダーの基本的な仕組み

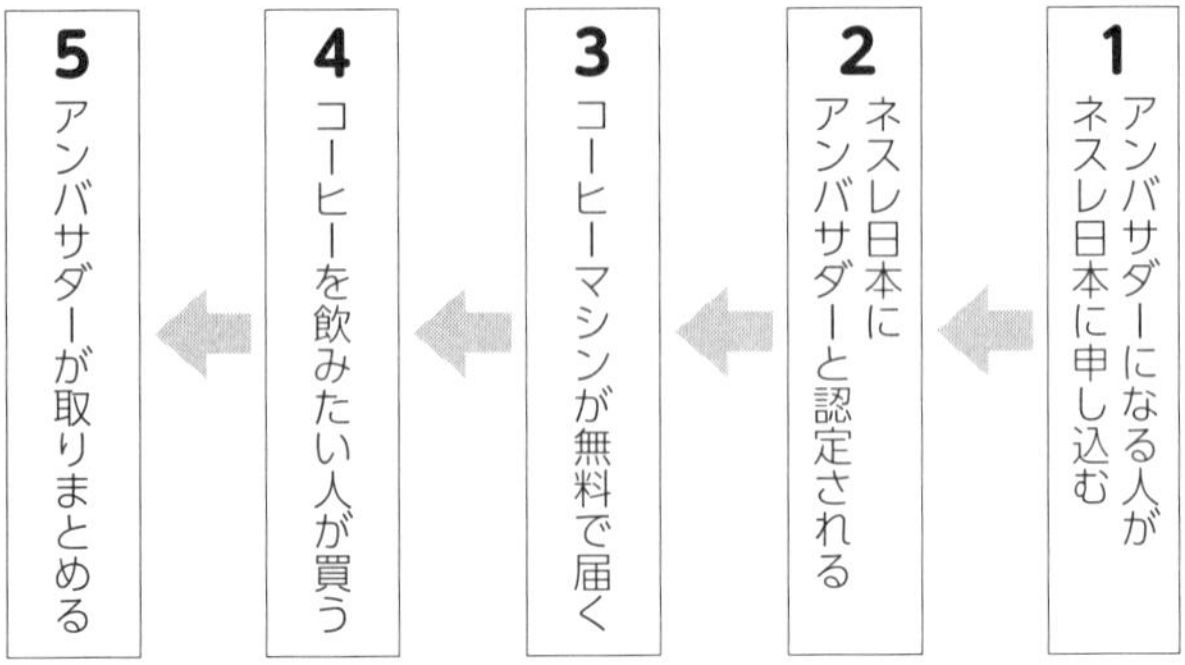

出所：高岡浩三『ネスレの稼ぐ仕組み』講談社、42頁、2015年。

図表7-6　ネスレ日本のイノベーションアワードの推移

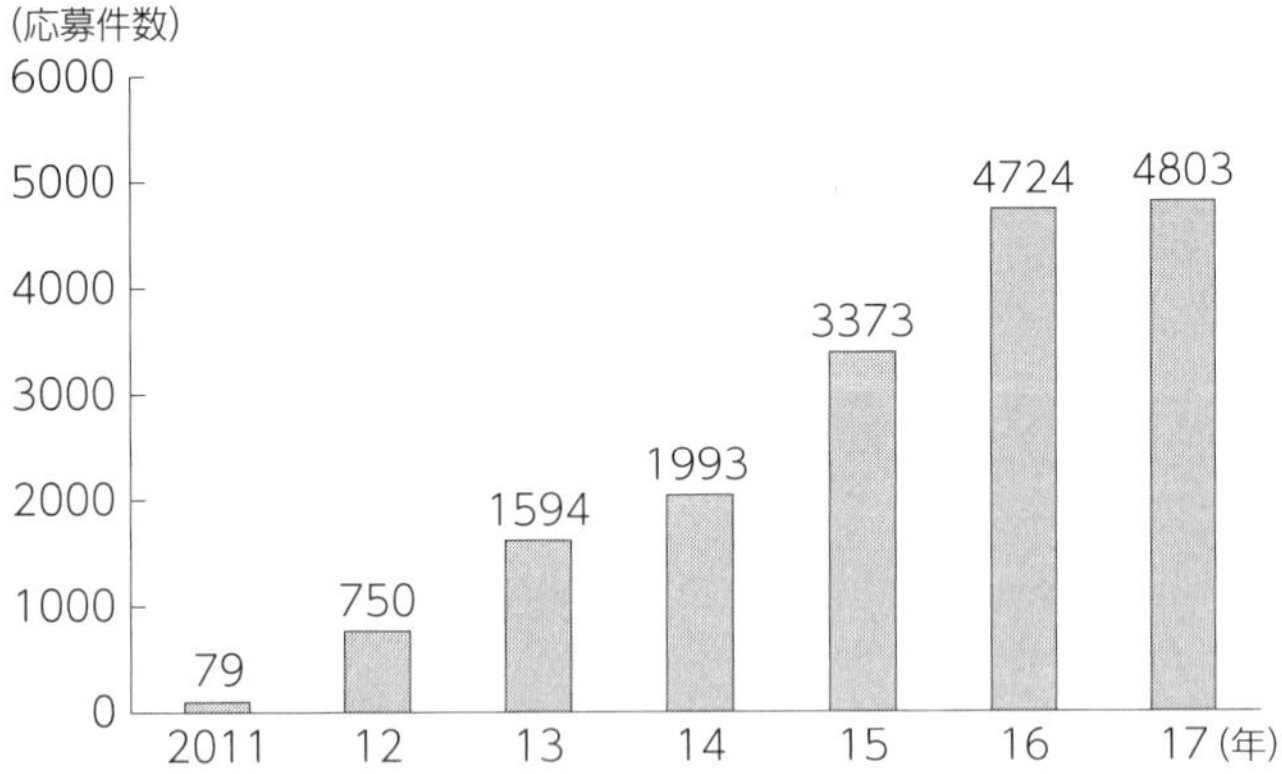

出所：ネスレ日本提供。

Things）社会を見事に捉えた新たな需要である。高齢化社会そして１人世帯が増える現代の日本において、遠く離れた家族間のコミュニケーション手段として、バリスタが活用されている。それは、コーヒーを飲むことによって遠く離れた家族と結びつき、安否を確認することができるという仕組みである。また、コーヒーの嫌いな人向けに抹茶味のマシンも開発し、さらなる新たな需要を掘り起こしている。

高岡氏が日本社内で訴え続けていることは「考えること」「創り出すこと」、英語でいうところの「Knowledge Creation」（知識創造）である。物事をこれまでの延長線上で考えるのではなく、視点を変えてゼロから捉えることが「イノベーション」であると言っている。高岡氏の言うアイデアの創出を実践するものとして、単なるアイデアコンテストではなく、自ら考え実行し、成果に結びついたものを評価するという制度がある。ネスレ日本の全社員が考えることのできる環境を作っているのだ。図表7－6は、毎年開催されるネスレアワードの表彰数であるが、これがネスレ日本のチャレンジ精神へとつながっている。

ネスレ日本社長・高岡浩三氏のインタビューから
——ジャパンミラクルのリーダーシップ

第8章

本書の執筆に当たり、ネスレ日本の高岡浩三社長にインタビューを行った。本章は、インタビューをとおして筆者が感じとった高岡氏の同社での取り組み、そして「ジャパンミラクル」とまで言われるようになった成長のリーダーシップについてまとめたものである。

※インタビューは、2019年2月28日に東京・品川にあるネスレ日本の東京コマーシャルオフィスで行われた。

1 経営学のゼミ

高岡氏は大阪で育ち、神戸大学経営学部に入学した。神戸大学では、占部都美教授（1920－1986年）のゼミに入った。卒業は1983年であるから、占部教授の最後のゼミ生かもしれない。占部教授といえば、当時、経営学者としてビジネス界でも注目された研究者の1人である。高岡氏が卒業した1980年代は、70年代初頭の石油ショックを経てようやく日本経済再生の道が見え始め、日米間の貿易摩擦によって、急速な円高へと誘導された時期でもある（1985年のプラザ合意）。この円高を機に、日本企業は本格的な海外事業展開を始める。

高岡氏がゼミで勉強した経営学は、60年代頃から本格的に新しい学問として注目され始めた分野である。60年代といえば、日本の高度経済成長の時代であり、その象徴的なイベントとして68年の東京オリンピックが挙げられる。日本の高度経済成長と相まってアメリカの経営学の影響を受け、一時は「経営学ブーム」とさえいわれた時期である。アメリカの“Management”は日本で「経営学」

と訳され、大学研究者の間でアメリカのマネジメント論の考え方やノウハウが次々と紹介された。経済学は、戦前から主にイギリスからの影響が大きく、歴史的に見てもどこの大学でも経営学部より経済学部が早く設立されている。それに対して、戦前から商業学の流れを汲む東京商科大学（現・一橋大学）や神戸商業大学（現・神戸大学）は、その伝統を継承して、新しい学問領域である経営学研究を先駆的に行ってきた。

アメリカ経営学が紹介される一方で、日本企業の成長発展を経営学的に研究した日本独自の経営学の著書や、著名な研究者も現れ始めた。なかでも、当時神戸大学教授だった占部教授の出版した『危ない会社』はベストセラーになり、経営学者として一躍注目されるようになった。このように対外的にも有名になると学生の間でも人気となり、占部教授のゼミには多くの学生が殺到したに違いない。占部ゼミからは、経営学者で名高い国際経営の吉原英樹教授（現・神戸大学名誉教授）や、経営戦略の加護野忠男教授（現・神戸大学名誉教授）をはじめ、多くの研究者を輩出しているが、ゼミ生の多くは、公務員や実業界へと進んだと思われる。ネスレ日本の高岡氏もそのなかの1人である。

2　ネスレ日本へ入社

高岡氏は大学卒業後、神戸に本社をもつネスレ日本に入社した。今でこそ、わが国では誰もが知っているネスレであるが、外資系企業ということもあり、当時はあまり知られていなかった。占部ゼミ卒業生の多くが日本のブランド企業に就職するなかで、高岡氏の外資系企業への入社は珍しかったかもしれない。高岡氏のネスレ入社のきっかけは、家庭の事情もあって、給与や厚生面で待遇がよかったからだったという。入社後、高岡氏はネスレ日本で採用されたローカル社員として、営業の第一線で働くことになる。

ネスレ日本の最大の経営使命は、ネスレ商品を日本市場に売り込むこと。そのためには、ネスレブランドを日本に広めるマーケティング活動を行うことである。その一躍を担う社員として、まずは全国にある営業拠点のどこかの地域で経験を重ねることになる。このような若き日の営業活動のなかでひときわ優れた業績を収めた高岡氏は、30歳で部長に昇進する。30歳での部長就任は、その後のネスレ日本の経営を自ら考えることになる原点だったと思われる。

その後、各種ブランドマネジャーなどを経て、ネスレ日本の子会社であったネスレコンフェクショナリー株式会社のマーケティング本部長となる。コンフェクショナリー事業部では、キットカットをはじめとするチョコレート菓子などの商品を扱っていた。ここで高岡氏は、キットカットの「受験生応援キャンペーン」を通じて大きな販売実績を収め、2005年に同社の社長に就任した。

そして2010年にネスレ日本副社長飲料事業本部長として「ネスカフェ」のビジネスモデルを構築し、翌2011年、同社の代表取締役社長兼CEOに就任する。「ネスカフェ アンバサダー」などの新しいビジネスモデルを通じて、高利益率企業へと成長させたのだ。

ネスレの雇用形態については第6章で述べたとおり、大きく分けてセンターベース、ローカルベース、ホームベースの3つにわかれている。グローバルに活躍するセンターベースの社員は、各国の社長・ＣＥＯだけでなく、それぞれの重要職務分野にも配置される。したがって、ネスレ日本にもセンターベースから派遣され、重要職務の一躍を担っている社員もいる。

このような人事方針のなかで、重要市場であるネスレ日本の社長は、伝統的にスイス本社から派遣されるセンターベースの社員が担ってきた。したがって、ローカルベースの社員である高岡氏の社長就任は、思ってもいなかった現地人材の登用であった。２０００年代になって低迷期にあったネスレ日本の舵とりを見事に再生させた高岡氏の経営手腕は、成熟市場でも知恵を絞れば成長が可能であることを証明した。このような意味でも、今、ネスレ日本の経営は世界から注目されている。

3 珍しい外資系企業の成功

さて、外資系企業が日本で成功を収めている例はそう多くはない。今でこそMicrosoft・Google・Yahoo!などのＩＴ企業は日本で圧倒的な強さをもっているが、製造業の分野においては、日本進出で成功している例はあまりない。また、進出したとしても日本の製造業の強さ、そして激しい日本市場での競争に負けて撤退している企業が多い。しかし、食品事業を営むネスレ日本は１００年以上の歴史をもち、一時的な低迷はあったものの、確実に成長して日本市場での市民権を得ている。

高岡氏はインタビューのなかで、外資系企業が日本で成功しなかった背景について、戦後の日本では外資を導入せずに自ら技術を開発したことや、事業家が自ら切り拓いてきたビジネスへの挑戦があったからだという。それに比べて、現在の中国、インドなどのアジア諸国は、日本や欧米などの外資の導入によって経済成長を遂げていると思える。

戦後の日本は、政府指導、銀行指導のもと内需を掘り起こし、成長してきた。よく「護送船団方式」と呼ばれるのが日本の経営の特徴である。同じ業界で同じようなビジネスを行いながら、それぞれが銀行系列のなかで、任期2年のトップを2～3期務めて交代するのが慣例である。外資系企業に長年携わってきた高岡氏からすると、このような日本経営の特徴が原因で、本当の意味での経営者、つまりプロフェッショナルマネジャーが育っていない、育ててこなかったと言っている。高岡氏の意見では、経営を成長発展へと導くには約10年のスパンが必要だという。ネスレが日本で成功しているのは、ビジネスのスタンスを約10年の長期戦略のなかで考えているからだ。ネスレの場合、本社Nestlé S.A.のCEOは最低でも10年ぐらいのスパンで交代している。よく、ネスレの成長はM&A戦略だといわれるが、その基本として、買収した時点よりも買収後の経営を長期戦略のなかで育てていることが成功の要因だという。ネスレのM&Aはすべてが成功しているわけではなく、売却した企業も多くある。ただ、このビジネスが10年後、20年後、30年後にどうなるのかという長期見通しのなかで考えるのが、ネスレ経営のプリンシプルなのだ。そのため、四半期決算で株主から強いられる経営の短期的志向はネスレ経営と相容れるものではなく、株式もスイスのチューリッヒでしか上場していない。

ネスレ日本は１００年以上の歴史を有するが、これまでスイス本社から派遣されてきた社長や各職能部門の責任者の駐在期間は、10年ぐらいのスパンで交代している（近年は３～５年と短くなっているようである）。これは、かつて日本に進出していたアメリカの食品会社、ゼネラル・フーズと比べると顕著な違いがある。ゼネラル・フーズが日本で苦戦を強いられた要因は、このあたりにもあるのではないかといわれている。[1]

4 インスタントコーヒーによる飛躍

ネスレ日本の飛躍の要因は、何といってもインスタントコーヒーだ。コーヒーは大きく、レギュラーコーヒーとインスタントコーヒーに分けられる。レギュラーコーヒーは、コーヒー豆を直接挽いて粉末にし、熱いお湯を注いで味わうが、インスタントコーヒーは、お湯さえあればどこでも気軽に飲むことができる非常に便利な飲み物だ。

コーヒーといえばブラジルが最大の生産国であるが、１９３０年代初頭は大豊作となり、価格が下がることを恐れて廃棄していた。ブラジル政府から何とかならないかとネスレに依頼したのが、インスタントコーヒー開発の契機である。インスタントコーヒーの最大の消費国はアメリカである。お湯を注ぐだけで飲める手軽さにより、アメリカ兵の必需品となった。ところが、アメリカでは一般の消費者には普及しなかった。なぜかというと、アメリカではすでにレギュラーコーヒーが一般化しており、インスタントコーヒーは副次的なものだったからだ。日本では日本茶が

1　桑原哲也「多国籍企業の現地経営と駐在員政策 ― 高度成長期の日本におけるネスレ」『国民経済雑誌』（神戸大学）第199巻第4号、2009年。

主流であるが、戦後の経済発展により食べ物や飲み物が西欧化するなかで、駐留のアメリカ兵によって持ち込まれたインスタントコーヒーを愛飲するようになった。なかでも、喫茶店の開店はコーヒー文化を根づかせる契機となり、家庭でも簡単に飲めるインスタントコーヒーは広く普及した。

また、ネスレのマーケティング戦略も際立っていた。コーヒーを何とも飲みたくなるようなテレビコマーシャルを製作し、出演者の選択も非常に効果的であった。今でも「違いがわかる男」のＣＭはわれわれの脳裏に刻まれているであろう。

しかし、家庭内で親しまれてきたインスタントコーヒーも、少子高齢化の日本市場にあって多くの成長は見込めなくなってきた。これは日本に限らず、先進国の成熟市場において同じような状態である。今やコーヒー市場は、スターバックスなどのグローバルチェーンの出店、さらにコンビニエンスストアの１００円コーヒー、自動販売機のコーヒーなど、激しい競争状態にある。このようななかで、まったく新しい発想でコーヒー需要を開拓しているのがネスレ日本であり、そのもととなっているのが高岡氏のマーケティング戦略である。

5 日本の常識・世界の非常識から考えること

30歳で部長に就任したことが高岡氏のグローバル企業ネスレ人生の原点だと述べたが、それは一体どういうことだろうか。

部長に昇進すると、日本市場に留まらずスイス本社とのやりとりや、他国ネスレとの交流関係も生まれる。このような関係のなかで、本社からは日本の経営慣行に対してさまざまな質問をされたという。「どうして日本は新卒一括採用、毎年4月の一斉入社なのか？」「スイスではスーパーマーケットといえばコープ（Coop）とミグロ（ＭＩＧＲＯＳ）の2社ほどしかないのに、日本では何百社と多いのはなぜか？」など、われわれ日本人にとっては当たり前だと思っていたことが、海外では不思議なことと思われているのだ。

このようなスイス本社からの質問に対して、責任者となった高岡氏はその答えを深く考えなければならなかった。このことが、日本の経営と海外の経営の違いや、日本の常識と海外の常識の違いを考える契機となった。そして今度は、日本の経営はこれでよいのか、変えた方がよいのではないかという、新しい発見も生まれた。振り返れば、高岡氏にとってのイノベーションは、この若き日の異質のなかでの知識創造の訓練が原点になっているのではないかと思われる。

高岡氏はマーケティングの専門家ともいわれるが、それに対しても独自の考えをもっている。一般にマーケティングは、自社が提供する製品やサービスを購入してくれる「消費者」や「取引先」を顧客とし、マーケティング活動は製品開発、営業のみと捉えられがちである。しかし、すべての部門が自分の顧客と設定し、顧客の問題を解決することがマーケティングだという。そのため、自らが置かれた立場やそのときに所属する部門によって、顧客とは誰か、見方を変える柔軟な視線が必要とのことである。人事部門にとっても財務部門にとっても、それぞれが対象とする領域でマーケティングの発想が必要なのだ。

このような視点からすると、社長の立場にある高岡氏のマーケティングの顧客は、ネスレ日本の取引先、顧客はもちろんのこと、その活動を担ってくれる社員ではないかと思う。社員が満足する待遇を受けるためには、まずはネスレ日本の業績を上げなければならない。業績を上げるために、最終経営責任を担う社長はさまざまな経営の仕組みを考えなければならない。それには挑戦が必要で、今までの発想にとらわれないイノベーションが求められる。しかし、それは社長だけでなく、社員みんなで考える仕組みで生まれたのが、「イノベーションアワード」だ。

このように、次から次へと生まれる経営への取り組みは、誰もが思いつけるものではない。それはつまり、「プロ」としての高岡氏のリーダーシップから育まれている。

第9章

スイスという国
——多国籍企業を生み出す背景

1 国際競争力世界第1位

われわれにとってスイスといえば、まず思い浮かぶのは観光地としてのスイスであろう。そびえ立つ山々に囲まれた美しい町や村、そしてそれらをつなぐ登山電車からの光景は、旅行者にとって驚嘆のひとときである。それも、新緑の生える5月から6月にかけては格別である。スイスの美しさに魅せられ、筆者は何回か訪れているが、春から夏にかけての季節はベストシーズンであるから格別の思いがある。

世界の観光客を魅了してやまないスイスは、本来的に恵まれた経済的条件が備わった国だったのだろうか。今や、主要国の政治家や経営者がスイス・ダボスに一堂に会する、通称「ダボス会議」（世界経済フォーラム）は有名である。これは毎年1－2月という冬の寒い時期に行われる。ダボスはイタリア国境に近く、冬でも太陽に恵まれ、近くにあるサンモリッツとともに冬のリゾート地だ。会議の中心主体となる世界経済フォーラムが毎年発表する「世界競争力報告書」の2017年度版では、スイスが第1位であり、これは過去10年変わらない（図表9－1）。この調査には、スイスのローザンヌにあるヨーロッパ有数のビジネススクール、IMDが協力しており、筆者もこのアンケートに何回か答えたことがある。スイスが調査の主体国であるため有利な見方が出てくると思われるが、それにしても国家の競争力調査でここ十数年間最上位であることには変わりない。

2 移民の国スイスの挑戦

スイスは海に面していない。世界に名高い山々に囲まれ、その間に挟まれた平野の大半は不毛で、農業に適していないし、鉱物資源にも乏しい。近隣のフランス、ドイツ、イタリアなどと比べると、地形学的にも決して恵まれた国ではない。ただ、高い山々に囲まれているため雪解け水は豊富で、家庭用水にも産業用水にも活用できる。水資源を利用したエネルギー産業、雪や氷を利用したウィンタースポーツのイベント開催などは考えられよう。しかし、これらを利用したとしても、経済活

図表9-1　世界競争力報告

各国・地域の競争力	
順位（前年）	国・地域名
1（1）	スイス
2（3）	米国
3（2）	シンガポール
4（4）	オランダ
5（5）	ドイツ
6（9）	香港
7（6）	スウェーデン
8（7）	英国
9（8）	日本
10（10）	フィンランド
≀	
13（13）	ニュージーランド
15（14）	台湾
21（22）	オーストラリア
23（25）	マレーシア
26（26）	韓国
27（28）	中国
32（34）	タイ
36（41）	インドネシア
40（39）	インド
55（60）	ベトナム
56（67）	フィリピン

出所：スイス・ダボス会議資料「世界競争力報告」2017年。

動への貢献は限定的である。

かつて、スイス国立銀行の総裁であったジャンピエール・ロートは、「スイスは貧しい小国だったから発展した」と述べている。[1] この考えを日本に当てはめるとどうだろうか。日本は海には囲まれているものの鉱物資源には乏しく、山々が連なる山脈に沿った平地を利用して耕作を行ってきた。恵まれた資源がないがために必死に生きる道を拓いてきたことが、今日の日本の経済繁栄につながっている。このことはスイスと同様「日本は貧しい国だったがゆえに経済発展してきた」ということもできる。

スイスはどこへ行っても世界各国からの旅行者が多く、そもそもスイス人は誰かと思うことがある。2019年時点で、スイスの人口850万人のうち、外国人は200万人を突破したといわれる。つまり、4分の1近くが外国人なのである。人口に対する外国人比率が高い世界屈指の国である。スイス在住の外国人の8割以上は、ヨーロッパ各国から移住してきた。地形学で見れば、スイスはフランス、ドイツ、イタリアに囲まれていたため、それらの隣国から移住してきている。

外国人のスイス移住は、今に始まったわけではない。スイスはもともと移民の国であり、特に、今や世界のグローバル企業に名を馳せているスイス企業の多くは、外国からの移住者によって創立された。これまで述べてきたように、ネスレの創立者アンリ・ネスレはドイツからの亡命者である。ほかにも、重機械のブラウン・ボベリを創立したブラウンはイギリス出身、

1 R.J. Breiding, *Swiss Made: The Untold Story Behind Switzerland's Success*, Profile Books, 2013.（ジェイムズ・ブライディング著、北川知子訳『スイスの凄い競争力』日経BP社、2014年）

図表9-2　スイスの主なグローバル企業

企業名	対象事業
Nestlé（ネスレ）	食品
Swatch Group（スウォッチ・グループ）	時計
Richemont（リシュモン）	高級ジュエリー
Novartis（ノバルティス）	医薬品
F. Hoffmann-La Roche（エフ・ホフマン・ラ・ロシュ）	医薬品、診断薬
Sulzer（スルザー）	船舶用エンジン機械
ABB（Asea Brown Boveri：アセア・ブラウン・ボベリ）	送電システム
Givaudan（ジボダン）	香水、アロマ商品
Swiss Re（スイス・リー）	保険
Zurich（チューリッヒ）	保険
Adecco（アデコ）	総合人材サービス
Schindler Elevator（シンドラーエレベータ）	エレベータ

出所：筆者調査。

世界的な人気を得ている時計・スウォッチを創立したニコラス・ハイエックはレバノン出身、胃の検査に用いられるバリウムの開発で医薬のグローバル企業ロシュの救世主となったレオ・スターンバックはポーランド系ユダヤ人である（図表9－2）。

移民は何ももたずに自国を出てきているため、移民先で成功したいという強い意欲をもっている。見知らずの国で生存のために結果を出し、その国で尊敬を勝ちとらなければならないのだ。スイスにやってきた移民は、ビジネス成功の目処がつくと、狭い国内市場からいち早く海外市場に目をつけた。それは、スイスを囲む多くのヨーロッパ諸国である。その後、アメリカ、アジアなどへと進出し、スイス企業は世界へと広まった。海外での経営はその国の文化伝統を受け入れ、現地と共存しなければならない。歴史的に見ると、スイスはイギリス、フランス、ポルトガルのように外国の地を植民地化していない。このことがむしろ、スイスの企業が外国に進出する際に謙虚なふるまいとして見られ、現地で歓迎されているのかもしれない。

3 スイス連邦とカントン

スイスの公用語はフランス語、ドイツ語、イタリア語である。国際機関の多く集まるジュネーブ周辺ではフランス語、ドイツに近いチューリッヒあたりではドイツ語、そして南に位置するイタリアに近いルガーノ付近ではイタリア語が使われている（図表9－3）。スイスはヨーロッパの地図がはっきりと示しているように、島国日本とは異なり、ひしめきあう国々の真ん中にある。この地形学的位置は、スイスの生き方に少なからぬ影響を与えているものと考えられている。スイスは今でも武装中立国で、EU（European Union：欧州連合）にも加盟していない。しかも、UN（国連）にも、先進国でありながら今もって加盟していない。

しかし、他国とは協力しないし国際性がないかと思えば、そうではない。永遠の中立を守りながらも他国との協力を惜しまない国際性は、国連内の諸機構であるILO（International Labour

図表9-3　スイスの地図

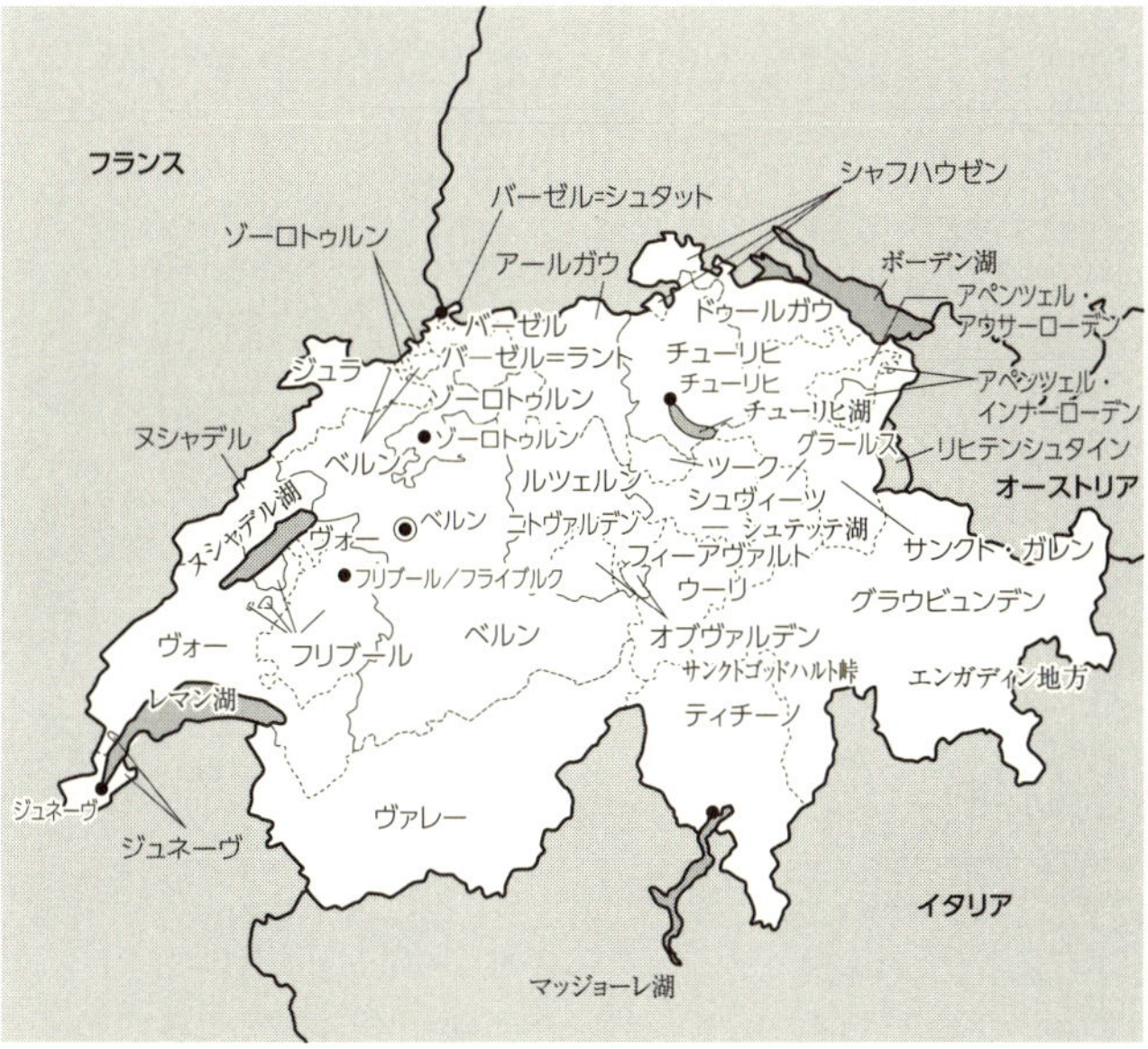

Organization)、ＷＨＯ（World Health Organization)、ＵＮＣＴＡＤ（United Nations Conference on Trade and Development)、ＷＴＯ（World Trade Organization)、そして国際赤十字であるＩＣＲＣ（International Committee of the Red Cross）の事務局や本部がジュネーブにあることが示している。

スイスは日本の九州より一回りほど広い。スイスの大都市といえば、金融、商工業、文化、芸術の中心地であるチューリッヒ、国際機関のあるジュネーブ、国際決済銀行（International Settlements：ＢＩＳ）のあるバーゼル、国際オリンピック委員会（International Olympic Committee：ＩＯＣ）のあるローザンヌ、スイスの首都であり政治の中心地でもあるベルンが挙げられる。

しかし、われわれがスイスと聞いて思い浮かべるのは、何といっても山と湖、そしてその合間に集う観光名所ではないだろうか。代表的な山はモンテローザ、マッターホルン、ユングフラウであり、湖はジュネーブが面するレマン湖、チューリッヒが面するボーデン湖である。そしてなにより観光客を引き寄せるのは、ルツェルン、インターラーケン、グリンデルワルト、ツェルマット、サンモリッツなどである。スイス全体が高地に位置しているため、夏は涼しく冬は寒い。そのためか、それぞれの季節を活かした過ごし方で世界の観光客を引き寄せている。スイス全体が国立公園のようであり、山々にたたずむ人びとの暮らしぶりはどこへ行っても絵になる光景だ。それらの光景を守るために政府からの援助を受け、家一軒建てるにしても周囲の光景を壊さないような厳しい規制が行われている。

また、スイスの行政制度を知るためは、前述のカントン（Kanton）というそれぞれの州から成り立っている連邦国家への理解が必要である。カントンは現在26あり、その内訳は20の州と6の準州である。スイスはもともと、険しい山々の間に挟まれた平地を1つの地域として、自主独立して暮らしていた。生活に必要な経済基盤や行政の仕組み、自衛手段を、それぞれの地域で作り上げてきたのだ。これが今日のカントンの形成につながっている。カントンには、チューリッヒ州やジュネーブ州のような大都市もあれば、スイス行政の中心地であるベルン州や、観光地で名高いルツェルン州、最も人口の少ないジュラ州などもある。

図表9-4　スイスの各カントンの行政区画図

州旗	略	カントン	成立年	州都	人口 (2015年12月)[1]
	ZH	チューリヒ州 Zürich	1351年	チューリヒ Zürich	1,463,459
	BE	ベルン州 Bern (de) Berne (fr)	1353年	ベルン Bern (de) Berne (fr)	1,017,483
	LU	ルツェルン州 Luzern	1332年	ルツェルン Luzern	398,762
	UR	ウーリ州 Uri	1291年	アルトドルフ Altdorf	35,973
	SZ	シュヴィーツ州 Schwyz	1291年	シュヴィーツ Schwyz	154,093
	OW	オプヴァルデン準州 Obwalden	1291年	ザルネン Sarnen	37,076
	NW	ニトヴァルデン準州 Nidwalden	1291年	シュタンス Stans	42,420
	GL	グラールス州 Glarus	1352年	グラールス Glarus	40,028
	ZG	ツーク州 Zug	1352年	ツーク Zug	122,134
	FR	フリブール州 Fribourg (fr) Freiburg (de)	1481年	フリブール Fribourg (fr) Freiburg (de)	307,461
	SO	ゾロトゥルン州 Solothurn	1481年	ゾロトゥルン Solothurn	266,418
	BS	バーゼル=シュタット準州 Basel-Stadt	1501年	バーゼル Basel	197,762
	BL	バーゼル=ラント準州 Basel-Landschaft	1501年	リースタル Liestal	285,094
	SH	シャフハウゼン州 Schaffhausen	1501年	シャフハウゼン Schaffhausen	79,836

州旗	略	カントン	成立年	州都	人口 (2015年12月)[1]
	AR	アッペンツェル・アウサーローデン準州 Appenzell Ausserrhoden	1513年	ヘリザウ[2] Herisau	54,543
	AI	アッペンツェル・インナーローデン準州 Appenzell Innerrhoden	1513年	アッペンツェル Appenzell	15,974
	SG	ザンクト・ガレン州 Sankt Gallen	1803年	ザンクト・ガレン Sankt Gallen	499,065
	GR	グラウビュンデン州 Graubünden (de) Grischun (rm) Grigioni (it)	1803年	クール Chur (de) Cuira (rm) Coira (it)	196,610
	AG	アールガウ州 Aargau	1803年	アーラウ Aarau	653,675
	TG	トゥールガウ州 Thurgau	1803年	フラウエンフェルト Frauenfeld	267,429
	TI	ティチーノ州 Ticino	1803年	ベッリンツォーナ Bellinzona	351,946
	VD	ヴォー州 Vaud	1803年	ローザンヌ Lausanne	773,407
	VS	ヴァレー州 Valais (fr) Wallis (de)	1815年	シオン Sion (fr) Sitten (de)	335,696
	NE	ヌーシャテル州 Neuchâtel	1815年	ヌーシャテル Neuchâtel	178,107
	GE	ジュネーヴ州 Genève	1815年	ジュネーヴ Genève	484,736
	JU	ジュラ州 Jura	1979年	ドレモン Delémont	72,782

1. Ständige und nichtständige Wohnbevölkerung nach institutionellen Gliederungen, Geburtsort und Staatsangehörigkeit スイス連邦統計局、2017年1月29日閲覧。
2. 政府や議会の所在地。裁判所、警察はトローゲン（Trogen）に位置している。

われわれは、スイスの大統領の名前を耳にしたことはないだろう。当然、スイスにも大統領はいるが、それは各カントンからの代表者による1年交代制である。スイスのすべての単位がカントンであることの理解が必要だ。スイス国旗は、赤地を白で抜きとった十字のマークであるが、それぞれのカントンは独自のエンブレムをもち、実質的な行政単位となっている。図表9－4は、それぞれのカントンのエンブレムと行政区画図である。

4 永世中立国ということ

「永世中立国」という言葉は、しばしば平和国家スイスの代名詞のように使われている。永世中立国とは、自国が将来にわたっていかなる戦争にも加わらず中立を守るかわりに、他国もその中立を尊重することが国際法で定められた国のことである。しかし、たとえ戦争を仕かけられなくとも、ほかの国から攻撃されないという絶対の保証はない。そこでスイスは、外敵の侵略から領土を守るために国民皆兵の徴兵制を行っている。徴兵制が成立したのは1848年、スイス連邦軍の創設時である。スイスは今でも、19歳に達すると徴兵検査が義務づけられ、20歳から30歳までの成年男子全員が300日間の軍事に就くことが義務づけられている。女性は志願兵であるが、今は女性兵士も決して珍しくなく、男性に交じって同じ任務に就いている。もし、宗教や信条的な理由から兵役に就かなければ通常の兵役期間の1・5倍の社会奉仕活動に従事しなければならない。スイスでは、公共のバスや列車のなかで自動小銃をもった軍服姿の若者と乗り合わせることがあるが、彼らは警備に当たるスイス軍である。スイスは小国ながら強大な軍事力をもった武装中立国家なのだ。スイスの永世中立は、単に平和を愛するという理想主義に基づくものではなく、大国に挟まれ言葉や宗教が多様な多民族国家が長い歴史のなかで、独立を守るために必要としてきた自衛手段の1つなのだ。

スイスの永世中立が正式に承認されたのは、1815年のウィーン会議（フランス革命とナポレオン戦争終結後のヨーロッパの秩序再建と領土分割を目的に開かれた会議）である。スイスの中立は、他国で迫害を受けた人びとにとって避難の場を与えることにもなった。たとえば、ジュネーブはフランス国境と接しているが、フランスの宗教一派であるユグノーたちが中立国スイスで時計産業を始めたのが、今のジュネーブを中心とする時計産業の発達につながっている。

5 スイスの傭兵が語るもの

ローマ市内の一角に、カトリック教会の総本山であるバチカン市国がある。総面積0・4平方メートルで、この広さは北京の天安門と同じくらいだ。しかし、れっきとした1つの国であり、独立国家としは世界最小である。ここは、ローマに行ったら必ず訪れる観光名所でもあり、いつ行っても大変な混雑ぶりで、なかに入るまでに長い行列を成している。この小さな国のなかに世界最大

図表9-5　瀕死のライオン像

出所：筆者撮影。

級の教会建築物であるサン・ピエトロ大聖堂があり、その右手にはローマ教皇の居住するバチカン宮殿がある。このバチカン宮殿の前で最初に目にするのが、教皇の警護を務めるスイスの傭兵だ。ルネッサンス風の制服を身にまとい、その何とも繊細で凛々しい格好は、訪れた観光客の写真スポットにもなっている。

なぜ、スイスの傭兵がバチカンの警護に当たっているのだろうか。スイスの有名な観光地にルツェルンという町があるが、そこにはスイスの傭兵を讃える「瀕死のライオン像」がある。この像は、フランス革命で国王ルイ16世を守って戦死したスイスの傭兵を讃えた記念碑である（図表9－5）。当時、スイスは産業に乏しく、人びとは生活の糧を得るためにヨーロッパの近隣諸国にいわば出稼ぎ兵として、傭兵として雇われていた。スイスと接するフランス、ドイツ、イタリアの各国は、戦争や紛争を繰り返すたびにスイスの傭兵の勇敢な行動を目にした。そのため近隣諸国から派遣の要請が増え、傭兵はスイスの経済活動として重要な産業になっていった。今ではスイスは豊かになり、傭兵の派遣は数百年前の話になっている。

今ではスイスといえば銀行業が有名だが、この歴史の背景には、傭兵が外国から送る契約金や年金を扱うために発達してきたという歴史がある。また、政治や文化の面でも、スイスの傭兵が外国と往来することで近隣諸国の最新の事情が伝えられ、スイス国内の発展にも大きな貢献をした。傭兵の派遣は、スイスの経済活動の過去をひも解く一端なのだ。

第10章

ネスレに学ぶ日本企業への指針

1 長期戦略を見据えた食の布石

ネスレは地球規模で事業活動を行いながらも、株式は本国であるスイスのチューリッヒ証券取引所でしか上場していない。かつてはニューヨークやフランクフルト、東京にも上場したことはあるが、今は退出している。短期的志向で業績を問う株主からの圧力と、ネスレの基本戦略とは相容れないからだという。わが国でも、食品を扱うサントリーは日本の証券取引所には上場していない。ウイスキーの老舗である同社は、その醸造に時間がかかり、短期的業績による株主からの追及とは合致しないからだという。株式を上場することによるメリットとデメリットは、それぞれの企業の置かれた経営状況と企業方針によって異なるので、その対比による企業評価はできない。ネスレはM&Aを積極果敢に行って成長してきたが、その基本方針は買収企業を長期的展望のなかで捉えてきたことだ。スイスにあるネスレ本社を訪問したとき、AOA幹部にネスレのM&Aについて尋ねると、皆一様に長期レンジで捉えてその国の経営に同化することが成功の要因だと言っていた。

M&Aは買収後の経営が難しいといわれているが、ネスレはM&A後に買収企業の経営風土を尊重しながら、10年、20年という長期戦略のなかで育てている。これを実現するためには、舵取りをするCEOも短期間でその戦略を担うのではなく、最低でも約10年スパンで交代する必要がある。事実、M&Aを積極果敢に戦略の柱に据えた中興の祖・マウハーは12年間CEOの地位にあったし、その後に続くCEOも10年間前後で推移している。ただ、グローバルに事業展開する企業は、単なる目先の利益ではなく長期戦略のなかでの布石を考えて経営を行っていることは、基本的には同じだろう。しかし、業界によっては急速な経営環境の変化のなかにおいて、長期戦略が立案しにくい状況下にある企業も少なくない。

ところが、ネスレは食品、栄養、健康を主な事業の柱としているが、それは人間にとって基本的に必要な衣食住の「食」の部分にかかわっている。しかも、これからの潜在市場となる新興国・未開発国への進出に力を入れており、長期戦略にかなう事業特性があると考えられる。ネスレが今コーポレートミッションとするCSV経営も、このような事業特性の上に立った経営戦略である。

2 移民者への寛容性とチャレンジ精神

ネスレは、ドイツ生まれで政治難民のアンリ・ネスレによって創業された企業だが、このほかにも海外からの移民者によって創業され、今や世界に君臨するグローバル企業になった事例があることはすでに述べたとおりである（第2章）。今、スイスの人口850万人のうち200万人は海外からの移民者であるから、スイスは世界でも有数の移民大国である。ただ、スイスの場合、移民といってもドイツ、フランス、イタリアと国境を接する地域からの移民が圧倒的多数を占める。この意味では、同じヨーロッパ地域での国境をまたいだ人口移動と捉えた方がよいかもしれない。ただ、記すべきことは、近隣諸国の人びとがスイスを目指す一方で、それを受け入れるスイスの態勢が寛大であるということだ。外国人の受け入れについては、スイス連邦政府が一律的に考えているのではなく、それぞれの州といわれる「カントン」が具体的政策を担っている。カントン繁栄のために移民者を受け入れ、経済活力を担うという仕組みである。現在、カントンは26あるが、それぞれに強大な自治権があり、移民の受け入れ政策もそこが決めている。ただ、移民といっても労働者レベルと知識労働者レベルでは違った政策が出てこよう。

スイスは今、世界一物価が高い国といわれているが、時間当たりの賃金水準も世界一高い。このような場所には、労働集約的な工場などの立地は考えにくい。積極的に受け入れているのは、知識集約的企業や国際機関で働く知識労働者である。もともと小さな国で資源もなく、耕地面積も少ない国が移民を受け入れ、それらに最大眼の自律性を与えることによって、経済活動のバイタリティーとなってきたのだ。つまり、さまざまな国からの移民の受け入れによってダイバーシティーを進め、それをうまく活用しながら次なる発展の国作りを進めてきた。

今、わが国では労働力不足を補うため、外国人労働者の受け入れに動き出したが、これに加えてもっと知識労働者レベルの移民も含めて考えるべきである。アメリカはもともと移民の国ではあるが、今もってさまざまな分野でのイノベーションが起こっているのは、多様な民族による知識創造、つまりダイバーシティーがあるからである。日本は、アメリカやスイスとは歴史的背景、地形学的位置も違うので同一視することはできないが、異質性のなかでの知識創造を肯定的に考えたい。

3 後継者人材の戦略的育成

今、日本のグローバル企業の多くが、グローバル人材の育成に力を注いでいる。さらに、将来の人材を送り出す大学も、「国際」と名のつく学部や大学の再編成に取り組んでいる。そして、文部科学省はそれを推進するための「スーパーグローバル校」の採択を行い、その取り組みを支援している。

筆者も今、スーパーグローバル校に採択された2校の大学で講義をもっている。ここで感じることは、日本の若者は海外に行きたがらないとの風潮とは逆に、海外で仕事をしたり、国際機関に従事したいと志望している学生が多いことである。スーパーグローバル校ということもあるが、そうではない大学でも海外志向の学生は多く居るのである。特に、両親の関係で海外で生まれ、幼年期を海外で過ごした学生たちは海外志向が強い。海外を身体で体験し、暗黙知として自然体で海外を知っているからである。こういった学生は、今後の日本企業のグローバリゼーション人材として期待される。

ネスレは、人材育成を戦略の核心部分だと考えている。ネスレ日本では主要な部門においては次の後継者を指名しているし、コパイロットといい、飛行機の操縦士と副操縦士のようにペアを組んで万一の場合に備える人事政策をとっている。また、スイスのネスレ本社の近くには世界中から社員が集まるトレーニングセンターを置き、多種多様な教育プログラムを設けている。短期間のプログラムで専門性が磨かれるわけではないが、集うことに意義があり（「出会いの場」と呼んでいる）、そこにはネスレミッションを共有させる教育目的が隠されている。

また、世界１８９ヵ国で事業展開するネスレは、各国の子会社、関係会社のリーダーであるグローバル人材を、前述のとおり大きく2つに分けている。１つは世界中どこで働くこともいとわないセンターベースの人材、もう1つは各国、各事業所単位で採用されるローカルベースの人材である。センターベースは、最初からその任務を担う人材と、途中から登用される人材からなるが、グローバルに活躍することが使命であると明確になっている。その背景として、スイスは海外で働く人のサポートが充実している点が挙げられる。その1つが、ローザンヌ、ジュネーブあたりに多くある寄宿舎を備えた誇り高い国際学校である。これにより、親は安心して、世界中どこでも働ける仕組みになっている。わが国のグローバル企業も、このようなグローバル人材の育成にさらに戦略的に取り組む必要に迫られている。

4 企業ミッションの明確化と情報公開

ネスレの全容を捉えることは、おそらくネスレ社内の人でも難しいだろう。１８９ヵ国で事業活動を行い、ブランドも数千とあるから、覚えるだけでも大変である。全世界のネスレに従事する社員は32万３０００人、さらに多国籍となると、どこでどのような人が働いているか、お互いに知る由もないだろう。

それでは一体、ネスレを1つの方向へと導くものは何だろうか。ネスレの経営は現場主義で、事業現場に権限が譲渡されているとはいえ、それらを1つの方向へと導く集権化の部分が明確に示されないと、グローバル企業としての経営発展の基盤はない。グローバル企業の成長発展には、集権化と分権化の担保が必要なのだ。全社員が何に価値を見出すか、これを支えるものとして考えられるのが、その企業の精神的支柱となる経営理念や創業の精神である。ネスレはロゴマークにもあるように、雛鳥を親鳥が優しく包む愛の精神をもとに、健康事業分野において発展してきた。これは、アンリ・ネスレが幼い子どもを救うために開発したコンデンスミルクをルーツとしている。今、同社を束ねる明確な事業分野は「栄養・健康・ウェルネス」であり、2000年代に入ってからは社会的価値と経済的価値を両立させる共有価値、つまりCSV経営を主眼に置いている。それでは、これをどのように徹底していくか。この課題を担う最前線の人材が、センターベースといわれるグローバルリーダーなのだ。

本書におけるネスレ研究でわかったことは、経営の実態がさまざまな領域で情報公開されていることである。株式の公開は本国スイスのみだが、それ以外については徹底した「オープンネットワーク経営」である。ありとあらゆるものの経営側面、たとえばコーポレートガバナンスの仕組み、経営陣の報酬、委員会制度、ボードメンバーの紹介など、きわめて細かく情報公開されている。この経営姿勢は、情報を公開することによって外部からの指摘を素直に受け止め、これを戦略に活かしていこうという表れである。つまり、外部から遮断して自前の経営を貫こうという経営ではなく、成長発展の糧となるものは外部からも積極的に取り入れようという経営姿勢である。

この姿勢は、M&A戦略の積極的推進やグローバルR&D戦略にも表れている。研究開発においても自前の研究開発ネットワークに加えて、外部である世界の研究機関や大学との連携を行っている。ミッションの徹底には、核となる人材を通じての普及と実践、そしてそれをサポートする文書による情報公開が重要となるのだ。内外一体化の戦略とは、国内と海外の一体化だけでなく、情報公開によって企業ミッションを外部にも晒すことにより一体化し、より強固にしようとする戦略である。

5 国家の品格と企業のグローバル展開

国家が担う政治の最大使命は、人民を幸せにすること、つまり経済を発展させて国民に富を分配することである。この意味では、政治は経済と表裏一体である。政治経済学、つまりポリティカル・エコノミー（Political Economy）が基本なのだ。国の繁栄は個々の経済活動によってもたらされるが、スイスの場合、本来的に国内経済が大きくないため、その活路を海外に求めて成長発展してきた。ネスレはその最も典型的な例であり、売上、利益にしても海外の方が圧倒的に多い。

海外進出は、どのような形態であれ国家間の取引でもある。特に、海外買収はすでに相手国で活動している企業を買収することであり、国家間の微妙な取引となることもある。国家の機密情報の観点から海外進出に歯止めがかかったり、被買収側からの反対圧力によって成立しなかったりすることもある。前述のとおり、1990年代初め、バブル景気に沸いた日本の不動産会社がニューヨークのロックフェラー・センタービルを買収しようとしたとき、アメリカ人の魂ともいえる象徴的なものまで買い漁るとして猛烈な反発を招いたことがある。さらに70年代には、日本企業の猛烈なアジア進出が現地からの猛反発を招いたこともある。個別企業の海外進出とはいえ、何のための海外進出なのか、しっかりとしたポリシーと品位ある行動が求められることは、日本企業には苦い経験として残っている。

企業の行動は、進出先では「どこの国の企業か」として評価される。それがその国の品位を語るものになるのだ。スイスは歴史的にも西側、東側にも属さない永世中立国として成長発展してきたし、そこで生まれたグローバル企業として進出国で受け止められている。経済活動を通じて、その国の発展に貢献するグローバル企業のあり方が問われているが、それは国家の品位が問われているということでもある。日本企業はこの点で、幾多の海外進出経験を経て、今や多くの国から信頼を勝ち得てきている。

スイスは小国ながら海外活動を通じて、今や国家の競争力第1位、そして世界の観光客を魅了してやまない品位ある国家にランクインしている。日本に今求められていることは、経済活動を通じて「品位ある日本」を創ることだ。これこそが、かつてキヤノン社長だった賀来龍三郎氏が語った「倫理国家構想」なのである。

あとがき

私がスイスを初めて訪れたのは今から約40数年前の1972年、12月のクリスマス休暇のときである。そのときは留学のためニューヨークにおり、スイスのジュネーブ経由でドイツのベルリンに行くためであった。目的はベルリン自由大学（Freie Universität Berlin）へ、経営学、会計学の分野で著名なエーリッヒ・コジオール（Erich Kosiol）先生にお会いするためだった。

コジオール先生はすでに日本の経営学会や会計学会でも知られ、翻訳書もいくつか出版されていた。先生は1970年の秋にアメリカのイリノイ大学での客員教授を終え、日本に立ち寄られた。その際、当時私が所属していた一般社団法人企業研究会会長の中西寅雄先生（当時、東京大学名誉教授、慶應義塾大学教授）の主催で、コジオール先生を囲んでの講演会を開催した。これは、私にとって海外の著名な先生と接する初めての機会であった。そして、東京滞在中に先生ご夫妻を箱根に観光案内するよう中西先生から仰せつかった。慣れない英語を駆使しながら、何とか一泊二日の観光をご夫妻とともに過ごした。夕食時、私は近い将来アメリカに留学したい旨を語った。そして先生は、アメリカのイリノイ大学で教えてきたことを踏まえて詳しくアメリカの大学事情を教えてくれた。その際、アメリカにいる間にぜひドイツのベルリンも訪ねるよう誘われた。

そこで、１９７２年の12月、意を決めてニューヨークから学生割引のあったアイスランディックエアライン（Icelandic Airline）で、北極海に位置するアイスランドの首都レイキャビック経由でルクセンブルグに行った。ルクセンブルグは、フランス、ベルギー、ドイツに挟まれたヨーロッパの小国である。アイスランディックエアラインは、当時アメリカとヨーロッパを往復する低価格の飛行機で、ニューヨーク－ルクセンブルグ間を飛んでいた。ルクセンブルグからは列車に乗ってヨーロッパ各地に行けるから、アメリカの若者旅行者には人気があった。

私の乗った飛行機は6時間程遅れでルクセンブルグに着き、もう夜であった。仕方なく、ヨーロッパ初めての夜はルクセンブルグ駅前のホテルに泊まり、次の日の朝に国際列車でスイスのジュネーブに向かった。冬のヨーロッパの日没は早いため、ジュネーブに着く夕方にはすでに暗くなっていた。ちょうど12月24日だったので、クリスマスイブの日であった。国際列車に乗って見た初めてのヨーロッパの景色はアメリカと違い、家々はこぢんまりして、クリスマス前夜ということもあり絵になる光景であった。

なぜ最初にジュネーブに行ったかというと、私の親族がフランス人と結婚し、ジュネーブの隣町、ニヨン（Nyon）に住んでいたからである。ニヨンはレマン湖沿いのジュネーブとローザンヌの中間にあり、中世のお城が象徴的な小さな村である。親族の家で1週間ほど過ごし、ベルリンのコジオール先生を訪ねることになっていた。ニヨン1週間滞在中に、周辺の名所をフランス人の夫がいくつか案内してくれた。ＩＯＣのあるローザンヌから少し離れたところの湖にたたずむ、モントレーのお城が印象的であった。

そして、湖に沿ったモントレーの隣にヴェヴェーという小さな町で、三角型の威容を誇るユニークな建物を目にする。それは、食品のグローバル企業ネスレ（Nestlé S.A.）のグローバル本社である。アメリカ留学中に多国籍企業の経営に興味をもっていたが、ここにネスレの本社があるとはまったく知らなかった。ヴェヴェーにあるネスレ本社の光景はその後も私の脳裏に残り、いつかは多国籍企業ネスレの全体像を探ってみたいと思っていた。

その後、留学を終えて日本に帰り、一般社団法人企業研究会の「国際経営調査研究プロジェクト」に携わることになった。日本の代表的企業の経営幹部十数名と、世界の多国籍企業を訪問調査することになり、そこで真っ先に訪問の計画を立てたのがネスレ本社である。神戸のネスレ日本を通じて打診し、受け入れてもらうことになった。訪問の時期は5月末で、新緑に生えるヨーロッパの光景はどこも美しいが、特にスイスの山々に溶け込む山小屋風の家屋の光景は格別である。多国籍企業の研究調査だったので、ネスレ本社の担当者から本社機構、国際経営の組織、海外活動、人材育成など幅広い内容で説明を受けた。会議室はレマン湖が一望できる夢のような場所である。担当者によるプレゼンテーションの後、日本からの訪問を歓迎し、そこから1時間ほど行った山間にあるチョコレート工場を案内してくれた。工場内部に入った瞬間、チョコレートの甘い香りに圧倒され、チョコレート酔いしたことを思い出す。

私はその後大学に奉職し、国際経営論、多国籍企業論を教える傍ら、海外調査研究も二十数年にわたって行ってきた。欧米の多国籍企業をはじめとして日本の多国籍企業の海外拠点などを訪問し、その数は２５０社になる。これらの調査研究はいくつか書籍の形で著してきたが、ネスレ研究に関する本書は、その延長線の１つとして著したいと思っていた。しかし、ネスレはあまりにも大きくその全体像を詳しく捉えることは不可能である。本書はその全体像の一部を著したものとして理解していただきたい。読者の皆様の忌憚のないご批判を賜りたい。

本書の執筆に当たり、２０１８年8月23日、24日の2日間にわたり、スイスのヴェヴェーにあるネスレ本社でインタビュー調査を行った。また、神戸にあるネスレ日本の方々にも大変お世話になった。お名前を記し、感謝申し上げたい。

インタビューを行った方々

Mr. Michael Briner（Zone AOAグループVice President Regional Management）
Mr. Chris Hogg（Head of Corporate Communications）
Ms. Claude Schwitiz（Head of Corporate Communications）
Ms. Yao Yang（Beverage Strategic Business Unit）
Mr. Andrew-Harford Smith（Corporate Training & Learning（Rive-Reine））
高岡浩三さん（代表取締役社長兼ＣＥＯ）

嘉納未来さん（執行役員コーポレートアフェアーズ統括部長）
芹沢祐治さん（常務執行役員人事総括本部長）
中岡　誠さん（執行役員営業管理部長）

特に執行役員の嘉納さんには、ヴェヴェーにある本社との交渉、ネスレ日本での資料提供、幹部とのアポイントメントで格別のご配慮をいただいた。嘉納さんの協力なしには本書の出版は不可能であった。記して格別のお礼を申し上げたい。

２０１９年８月５日

高橋　浩夫

参考文献

A. Pfiffner, *Henri Nestlé（1814–1890）: vom Frankfurter Apothekergehilfen zum Schweizer Pionierunternehmer*, Imprimerie Corbaz, 1995.

A. Pfiffner, H. Renk and T. Fenner, *Nestlé, 150 years: Nutrition, Health and Wellness Since 1866*, Nestlé, 2016.

F. Schwarz and Nestlé AG, *Creating Shared Value : Peter Brabeck-Letmathe and Nestlé - a portrait*, Stämpfli, 2010.（フリードヘルム・シュヴァルツ著、石原 薫訳『知られざる競争優位：ネスレはなぜＣＳＶに挑戦するのか』ダイヤモンド社、２０１６年）

H. Takahashi, *The Challenge for Japanese Multinationals: Strategic Issues for Global Management*, Palgrave Macmillan, 2013.

M.E. Porter and M.R. Kramer, Strategy and Society: The Link Between Competitive Advantage and Corporate Social Responsibility, *Harvard Business Review*, Vol.84, No.12, pp.78–93, 2006.

Nestlé, Compensation Report 2017, 2018.

Nestlé, Corporate Governance Report 2017, 2018.

Nestlé, Financial Statements 2017, 2018.

R.J. Breiding, *Swiss Made: The Untold Story Behind Switzerland's Success*, Profile Books, 2013.（ジェイムズ・ブライディング著、北川知子訳『スイスの凄い競争力』日経ＢＰ社、２０１４年）

伊藤嘉浩、田中洋一「ビジネスモデルのローカライゼーション：ネスカフェバリスタの事例」『国際ビジネス研究』第6巻第2号、31－47頁、２０１４年。

川口マーン恵美『世界一豊かなスイスとそっくりな国ニッポン』講談社＋α新書、２０１６年。

黒澤隆文「欧州多国籍企業の組織構造とナショナリズム・世界大戦：ネスレ、ロシュ、ユニリーバの二重法人と二本社体制」『国民経済雑誌』第２０２巻第5号、２０１０年。

黒沢隆文「第二次大戦・二重の封鎖と中立国スイスの多国籍企業：ロシュ社の組織構造と大西洋を跨ぐコミュニケーション」『広島大学経済論叢』第36巻第2号、２０１２年。

慶応義塾大学ビジネススクール「ネッスル」ケース、１９９４年。

スイス文学研究会編『スイスを知るための60章（エリア・スタディーズ１２８）』明石書店、２０１４年。

高岡浩三『ネスレの稼ぐ仕組み』ＫＡＤＯＫＡＷＡ、２０１５年。

高岡浩三『世界基準の働き方 海外勤務を拒み続けた私が超巨大グローバル企業の幹部になれた理由』ＰＨＰ研究所、２０１７年。

高橋浩夫「ネスレの経営」『白鷗ビジネスレビュー』第28巻合併号、２０１９年。

『日本経済新聞』「私の履歴書：ヘルムート・マウハー」１９９８年9月連載。

ネスレアミューズ「ネスレ製品ラインナップ」〈http://d.nestle.jp/〉。

ネスレ日本ホームページ「ネスレ考働規範」（Code of Business Conduct）〈https://www.nestle.co.jp/asset-library/documents/about_us/2017_code_of_business_conduct.pdf〉。

ネスレ日本ホームページ「ネスレの経営に関する諸原則」（The Nestlé Corporate Business Principles）〈https://www.nestle.com/asset-library/documents/library/documents/corporate_social_responsibility/nestle_corporate_business_principles__japanese.pdf〉。

フィリップ・コトラー、高岡浩二『マーケティングのすゝめ』中公新書ラクレ567、2016年。

森田安一『物語 スイスの歴史：知恵ある孤高の小国』中公新書、2000年。

ロレンツ・ストゥッキ著、吉田康彦訳『スイスの知恵：経済王国・成功の秘密』サイマル出版会、1987年。

渡辺　尚編『ヨーロッパの発見：地域史のなかの国境と市場』有斐閣、2000年。

【著者紹介】

高橋　浩夫（タカハシ　ヒロオ）

白鷗大学名誉教授・創価大学客員教授、中央大学博士

多国籍企業学会・日本経営倫理学会名誉会員ほか

〔研究領域〕多国籍企業論、国際経営論、経営倫理

〔主要著書〕

『グローバル経営の組織戦略』同文舘出版、1991年。

『研究開発のグローバル・ネットワーク』文眞堂、2000年。

『グローバル企業のトップマネジメント』白桃書房、2005年。

The Challenge for Japanese Multinationals: Strategic Issues for Global Management、Palgrave Macmillan、2013.

『戦略としてのビジネス倫理入門』丸善出版、2016年。

『最新「国際経営」入門』同文舘出版、2017年。

ほか多数。

2019年9月10日　初版発行　略称：ネスレ経営

すべてはミルクから始まった

世界最大の食品・飲料会社「ネスレ」の経営

著　者　©高　橋　浩　夫

発行者　　中　島　治　久

発行所　同 文 舘 出 版 株 式 会 社

東京都千代田区神田神保町 1-41　〒101-0051

営業（03）3294-1801　編集（03）3294-1803

振替 00100-8-42935　http://www.dobunkan.co.jp

Printed in Japan 2019　DTP：マーリンクレイン

印刷・製本：三美印刷

ISBN978-4-495-39031-0